하루종일
우주 생각

하루종일 우주 생각

오지랖 우주덕후의 24시간 천문학 수다

초판 1쇄 발행 2017년 4월 25일 ＼**초판 3쇄 발행** 2018년 11월 10일
지은이 지웅배 ＼**펴낸이** 이영선 ＼**편집 이사** 강영선 김선정 ＼**주간** 김문정
편집장 임경훈 ＼**편집** 김종훈 이현정 ＼**디자인** 김회량 정경아
독자본부 김일신 김진규 김연수 정혜영 손미경 박정래 김동욱

펴낸곳 서해문집 ＼**출판등록** 1989년 3월 16일(제406-2005-000047호)
주소 경기도 파주시 광인사길 217(파주출판도시) ＼**전화** (031)955-7470 ＼**팩스** (031)955-7469
홈페이지 www.booksea.co.kr ＼**이메일** shmj21@hanmail.net

© 지웅배, 2017
ISBN 978-89-7483-846-1 03440
값 16,800원

이 도서의 국립중앙도서관 출판시도서목록(CIP)은 e-CIP 홈페이지(http://www.nl.go.kr/ecip)에서
이용하실 수 있습니다.(CIP제어번호: CIP2017008718)

하루종일 우주 생각

오지랖 우주덕후의
24시간 천문학 수다

지웅배 지음

서해문집

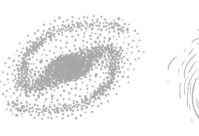

우주와 함께하는
하루하루

우리는 가장 가까이에 있는 것에 대한 소중함을 잘 느끼지 못하고 산다. 자주 접하고, 자주 만나고, 자주 보게 되면서 몸과 마음으로 익숙해지기 때문이다. 그것이 존재하는 것 자체가 당연하게 느껴지고, 심지어 그것이 존재한다는 것 자체를 인식하지 못할 때도 있다. 그 대상은 오래된 연인일 수도 있고, 아주 어릴 때부터 써오던 물건일 수도 있다. 그리고 여기, 인류가 가장 오랫동안 함께해오면서 너무나 익숙해져버려 이제 그 존재조차 인식하지 못하고 있는 존재가 있다. 바로 우주다.

　　우리는 우주 공간에 덩그러니 떠 있는 지구라는 작은 바윗덩어리에 달라붙어 살고 있다. 우리는 매 걸음 걸음마다 지구의 중력을 체감하고 있고, 지금도 우리 머리 위로 수백 수천 광년 떨어진 희미한 별빛들이 쏟아지고 있음을 알고 있다. 나는 가끔 날씨가 좋은 날, 넓은 공원 들판에 누워 하늘을 바라보고는 한다. 이미 두꺼운 시멘트로 얼룩진 지구에서 행성 본연의 곡률을 느낀다는 것은 다소 무리가 있지만, 눈을 감고 약간의 상상력을 발휘한다면 쉽게 우주를 체감할 수 있다. 눈을 감고, 등을 받치고 있는 거대한 행성의 둥근 곡률을 느껴본다. 그리고 눈앞에 펼쳐진 우주와, 등 뒤 행성 너머로 펼쳐진 또 다른 반대편 우주를 상상한다. 그 순간 지구라는 우주선에 올라타 있는 자그마한 나 자신의 부유감을 느낄 수 있다. 그리고 매일매일 한 바퀴씩 돌아가며, 매일 아침 새로운 햇살을 맞이하는 지구의 빠른 속도감도 느껴지는 듯하다.

학교를 다니는 학생들은 매일 성적을 고민하고, 사랑에 빠져 있는 연인들은 상대방에 대한 생각을 하루도 쉬지 않는 것처럼, 천문학자들도 하루 종일 우주에 대한 생각을 멈추지 않는다. 천문학을 한다는 것은 특별한 것이 아니다. 그저 하루 종일 우주를 체감하고, 우주를 생각하는 것뿐이다. 매일 아침 1억5000만km 떨어진 태양을 바라보며 하루를 시작하고, 세계 곳곳에서 올라온 따끈한 최신 논문을 읽으며 하루를 준비한다. 친구들과 함께 티타임을 즐기는 동안에는 커피 위에 그려진 라떼 아트를 보며 아름다운 은하의 나선팔을 상상하고, 각자의 연구 내용에 대한 이야기를 주고받는다. 퇴근길 승객들로 가득 찬 만원 지하철에 끼인 채 별의 중심 깊은 곳에 갇혀 있을 원자핵들의 답답한 마음을 공감하며, 어두워진 하늘을 올려다보고는 버릇처럼 익숙한 별자리를 되짚어본다. 이렇게 우주와 함께하는 하루는 매일이 새롭고 행복하다.

평소 나의 가장 큰 바람은 이 좋은 경험을 다른 이들과 함께 공유하고 싶다는 것이었다. 이를 위해 여러 가지 활동과 작업을 시도해왔고, 이렇게 책도 내게 되었다. 이 책을 통해 하루 종일 우주를 유영하며 살고 있는 천문학도의 마음을 전달하고자 했다. 하루를 크게 네 가지 시간대로 나누었다. 아침, 낮, 저녁, 밤으로 나누어 각 시간대마다 느낄 수 있는 우주의 이야기를 담았다. 이른 아침 이불을 박차고 침대 밖으로 나올 때부터, 바쁜 하루를 보낸 뒤 지친 몸을 이끌고 다시 침대 속으로 기어들어가기까지 우주에 대한 생각은 멈추지 않는다.

이 책의 가장 큰 목표는 그동안 너무나 당연해서 느끼지 못했던 '우리가 우주라는 거대한 세계 속에 포근하게 안긴 채 살고 있다는 사실'을 함께 만나는 데 있다. 우주의 관점에서 우리는 모두 이 거대한 우주를 잠시 거쳐 가는 작은 천체 조각이라고 볼 수 있다. 그리고 그 누구도 우리가 우주에 속해 있다는 것을 부정할 수는 없다. 그 사실을 다시 확인하면서, 가끔씩 맑은 밤하늘에 떠 있는 별들을 유심히 볼 수 있는 그런 하루와 만나기를 바란다.

2017년 4월 우주 한구석에서, 지웅배

I

아 침

M O R N I N G

차례　여는 글 • 4

II

낮

N O O N

Ⅲ
저녁
E V E N I N G

Ⅳ
밤
N I G H T

MORN

ING 아침

깊고도 달콤한 침대 위의 블랙홀

은하계 중심
초거대 질량 블랙홀
주변의 사건들

06:30

따르르릉! 시끄러운 시계 알람 소리가 나의 귀를 괴롭힌다. 어젯밤 이 포근한 이불 속으로 직행했던 나의 몸을 감싸고 있는 이 침대가 너무나 달콤하게 느껴진다. 머릿속에서는 어서 일어나 출근 준비를 하라고 보채고 있지만 나의 몸은 말을 듣지 않는다. 침대를 중심으로 시공간이 움푹 패어 있기라도 한 것일까? 매일 아침 나는 이 깊고 달콤한 이불의 유혹을 벗어나기 위해 애를 쓴다. 아무래도 내 침대 한가운데에는 아주 거대한 초거대 블랙홀이 숨어 있는 것 같다. 마치 우리가 속한 은하계 한가운데 숨어 있는 '그 녀석'처럼 말이다.

멀미 나는 별들의 움직임

은하Galaxy는 우주를 구성하는 기본단위라고 볼 수 있다. 은하는 태양과 비슷한 별(일상에서는 우주에 있는 모든 천체를 '별'이라고 하기도 한다. 그래서 별똥별, 지구별 등 천문학적으로 별이 아닌 천체에도 별이라는 이름이 붙어 있다. 하지만 천문학적으로 별, 항성은 중심에서 핵융합을 통해 스스로 빛을 내며 타고 있는 거대한 가스 덩어리만을 의미한다.)들이 수천억 개 모여 있는 거대한 별들의 대도시다. 생명을 구성하는 기본단위가 세포인 것처럼, 우주를 구성하는 기본단위는 바로 은하다. 생물학에도 세포보다 작은, 그 세포를 이루는 원자들이 있지만, 근본적으로 생명활동을 하는 데 기능을 하는 최소단위는 세포라고 보는 것이 옳다. 이처럼 우주에도 은하를 이루는 개개의 별, 그 주변을 맴도는 행성과 혜성까지도 생각해볼 수 있지만, 우주 전체가 진화해가는 관점에서 보았을 때 별들이 모여 있는 은하를 기본단위로 생각하는 것이 더 바람직하다. 우주의 세포는 은하이고 그 세포를 이루는 우주의 원소가 바

지구

우리은하 한구석에 박혀 있는 태양계의 위치.©NASA / JPL-Caltech / ESO

로 별이다.

우리의 우주를 보면 항상 상대적으로 작은 천체가 상대적으로 무거운 천체의 곁을 맴도는 꼴을 하고 있다. 지구 곁에는 지구의 1/4 정도로 작은 달이 맴돌고, 이제는 사람들이 띄워 올린 더 작은 인공위성들이 함께 돌고 있다. 목성이나 토성 같은 거대한 행성 곁에서는 거의 50여 개가 넘는 크고 작은 자연 위성들이 발견되었다. 그리고 그 행성들은 태양계 중심에 자리한 거대한 별, 태양 주변에서 각자의 궤도를 그리며 맴돌고 있다. 그렇다면 태양계 행성들의 기준점이 되는 태양은 고정되어 있을까? 그렇지 않다. 태양도 무언가의 주변을 빠르게 맴돌고 있다.

우리가 살고 있는 태양계는 우리은하계 변두리 한구석에 자리하고 있다. 태양을 비롯한 우리은하계의 별들은 은하계 중심을 기준으로 큰 원을 그리며 함께 춤을 추고 있다. 우리가 지금 발을 붙이고 살고 있는 지구의 상황을 천문학적으로 엄밀하게 따져보면, 굉장히 어지러운 세계다. 지구는 자신의 중심축을 기준으로 매일 한 바퀴씩 자전하고, 그 상태로 1년에 한 바퀴씩 태양 주변을 공전한다. 게다가 태양마저도 은하계 외곽에서 1초에 200km나 되는 아주 빠른 속도로 질주하고 있다. 이렇게 복잡하게 돌고 도는 지구에 달라붙은 채 멀미를 호소하지 않는 것은 정말 다행스런 일이다.

대체 무엇이 이런 천체들로 하여금 각자의 궤도를 그리며 우주 공간을 둥글게 날아다니도록 하는 것일까? 올림픽에서 박진감 넘치게 진행되는 사이클 경기장의 모습을 떠올려보자. 경기 장면을 자세히 보면, 선수들이 자전거를 타고 달리는 트랙이 일반 도로처럼 단순히 평평하지

사이클 경기장은 선수들이 빠르게 돌 수 있도록 구심력을 주기
위해 안쪽으로 기울어져 있다.ⓒWikimedia / Brasil2016.gov.br

수직항력

중력

마찰력

않고 거대한 둥근 깔때기처럼 안쪽으로 비스듬하게 기울어져 있는 것을 볼 수 있다. 이런 설계는 선수들이 빠른 속도로 둥근 코너를 따라 질주할 때 트랙 바깥으로 벗어나는 것을 막아준다. 선수들이 빠르게 페달을 밟으며 질주하는 동안, 기울어진 트랙은 선수들을 땅 위로 받쳐주는 힘과 마찰력이 작용한다. 이때 안쪽으로 비스듬한 트랙의 구조 덕분에 선수들을 트랙 위로 받쳐주는 힘의 일부는 둥근 트랙의 안쪽 방향으로 작용할 수 있다. 여기서 선수들을 트랙의 한가운데로 받쳐주는 힘은 그들이 안정적으로 빠르게 원을 그릴 수 있게 붙잡아주는 구심력Centripetal force의 역할을 한다.

이처럼 회전운동을 계속 안정적으로 유지하기 위해서는 둥근 궤도의 중심에서 딱 붙잡아줄 수 있는 구심력이 필요하다. 실 끝에 매달린 돌멩이를 손으로 잡고 돌린다면, 이때 돌멩이가 계속 돌아갈 수 있게 해주는 구심력은 손끝에서 돌멩이를 잡아당겨주는 실의 장력이다. 우주에서는 거대한 천체들이 주변의 작은 천체들을 붙잡고 있는 중력이 구심력이 되어 그 주변에 붙잡아두고 빙글빙글 돌게 만든다.

따라서 우리은하계 중앙부를 중심으로 주변의

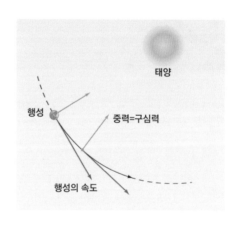

태양이 행성을 안쪽으로 잡아당기는 중력이 구심력이 되어 행성이 원궤도를 돌게 된다.

수천억 개에 달하는 아주 많은 별들이 함께 맴돌고 있기 위해서는 그 중심에 아주 강한 중력으로 별들을 붙잡고 있는 녀석이 필요하다는 것을 추측할 수 있다. 은하계 중심에는 그 별들을 모두 붙잡아 돌릴 수 있을 만큼 아주 힘이 센 은하계 최고체급 투포환 선수가 존재해야 한다.

궁수자리에 숨어 있는 전설 속 괴물

1960년대 후반까지 천문학자들은 그저 은하 중심에 별들이 더 빽빽하게 모여 있고, 그 빽빽한 별 뭉치의 강한 중력으로 은하 전체가 유지된다고 생각했다. '그 녀석'의 정체에 대한 다양한 이론이 등장하던 중, 1971년 영국의 두 천문학자 도널드 린덴벨Donald Lynden-bell(1935~)과 마틴 리스Martin Rees(1942~)는 우리은하를 비롯해 우주에 존재하는 은하 대부분에는 그 중심에 아주 무시무시한 괴물이 숨어 있을지도 모른다고 예측했다. 은하계 주변의 별들을 모두 휘어잡아 돌릴 수 있을 만큼 강한 중력을 뽐내기 위해서는 그곳에 아주 무거운 질량이 한데 모여 있는 초거대 질량 블랙홀SMBH, Supermassive black hole이 존재할 것이라고 주장했다. 만약 그들이 주장한 것처럼 실제로 많은 은하계 중심에 아주 비대한 블랙홀이 존재한다면, 그 곁에서 빠르게 맴도는 별들의 움직임이 관측되어야 한다.

　　멀리 떨어진 은하에 살고 있는 개개의 별들을 하나씩 분해해서 볼 수는 없다. 대신 그곳에서 별들이 한꺼번에 얼마나 빠른 속도로 움직이는지를 추측할 수는 있다. 모든 별은 계속 주변 우주 공간을 향해 빛을 내보낸다. 계속하여 빛이라는 신호를 내보내는 비콘Beacon인 셈이다. 그런데 이 별이 빠르게 움직이면서 빛을 내보낸다면 우리가 관측하는 별빛의 파장이 변화하게 된다. 우리 시야를 향해 접근하면서 빛을 내보낸다면 우리를 향해 날아오는 별빛의 파장은 짓눌리듯 짧아진다. 별이 우리 시야에서 멀어지면서 별빛을 내보낸다면 그 별빛의 파장은 늘어지듯 길어진다. 이때 움직이는 별의 속도가 더 빠를수록 변화하는 파장의 폭도 더 커진다. 이렇게 광원이 움직이면서 파장이 변화하는 것을 도플러 효과Doppler effect라고 한다. 빠르게 앞을 지나가는 구급차의 사이렌 소리가 처음에 다가올 때는 높게 들리다가 멀어져갈 때는 낮게 들리는 것도 이런 도플러 효과 때문이다.

이후 천문학자들은 린덴벨과 리스의 예측을 확인하기 위해 많은 은하들의 중심부에서 보이는 별빛 파장의 변화를 측정했다. 그 값을 통해 각 은하 중심에서 별들이 얼마나 빠른 속도로 맴도는지 확인했다. 그리고 흥미로운 결과를 얻었다. 대부분의 은하에서 실제로 아주 빠른 속도로 맴도는 별빛의 도플러 효과가 확인된 것이다. 이전까지 일부 이론 천문학자들의 수학적 유희 속 상상의 괴물로만 여겨졌던 초거대 질량 블랙홀의 실체가 서서히 드러나고 있었다.

이제 천문학자들의 관심은 우리가 살고 있는 우리은하에서 정확히 어디에 괴물이 살고 있는지를 찾아내는 것으로 옮겨갔다. 우리은하의 깊은 중심에 숨어 있는 괴물을 사냥하는 셈이다. 우리은하의 중심부가 우리나라의 여름철 밤하늘에서 지평선 근처로 낮게 보이는 궁수자리 쪽을 향한다는 것은 잘 알려져 있다. 두 천문학자가 초거대 질량 블랙홀을 예

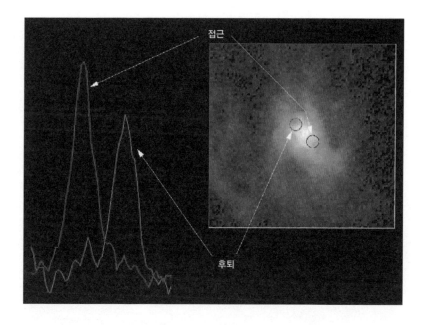

접근

후퇴

허블 우주망원경으로 은하 M87 중심 부근을 빠르게 돌고 있는 가스구름의 운동을 관측한 결과. 한쪽은 지구를 향해 빠르게 다가오는 운동을, 반대쪽은 지구에서 빠르게 멀어지는 운동을 하고 있다. 즉, 은하 중심을 기준으로 빠르게 맴돌고 있다.©NASA / Hubble Heritage

측하고 3년이 지난 1974년, 천문학자들은 궁수자리 방향에서 아주 강하게 밀집되어 밝은 전파를 내보내는 광원의 존재를 확인했다.

이어서 1982년에 더 거대한 전파망원경으로 우리은하 중심을 향하는 궁수자리 부근에 강한 전파 광원이 있다는 것을 다시 한 번 확인했고, 이 무시무시한 괴물에게 궁수자리 A*Sgr A*, Sagittarius A*라는 별명을 붙여주었다. 이제 괴물의 존재, 그리고 괴물이 어디에 어떤 모습으로 숨어 있는지까지 확인된 것이다. 천문학자들의 관심은 '그렇다면 대체 그 괴

우리은하 중심에서 발견된 아주 밀도가 높은 전파 광원.ⒸNASA / CXC / Stanford

물의 위력, 덩치는 얼마나 거대한가'로 향했다. 은하 중심의 초거대 질량 블랙홀은 지구나 태양 같은 개개의 행성이나 별과는 비교할 수 없을 정도로 거대하다. 이런 우주급 슈퍼 헤비 챔피언의 질량은 저울 위에 올려서 잴 수는 없다. 이런 괴물의 체급은 어떻게 확인할 수 있을까?

은하계 괴물 신상 털기

지구 주변이나 태양계뿐 아니라 우주 전역에서 똑같이 성립하는 물리법칙을 이용해 태양계에서와 같은 방법으로 이 괴물의 덩치를 유추할 수 있다. 1609년 독일의 수학자이자 천문학자인 요하네스 케플러Johannes Kepler(1571~1630)는 자신의 스승이며 관측 '덕후'였던 티코 브라헤Tycho Brahe(1546~1601)가 생전에 남긴 태양계 행성들의 궤도 변화 관측자료를 바탕으로 행성들이 태양 주변을 어떤 원리로 맴돌고 있는지를 정리했다. 그 발견은 그의 저서《신천문학Astronomia Nova》에 기록되었다.

그의 분석에 따르면 태양 주변을 맴도는 지구를 비롯한 모든 행성은 태양에 가까이 있을수록 빠른 속도로 움직인다. 반대로 태양에서 멀리 떨어져 있을수록 느리게 움직인다. 그리고 태양에서 행성까지의 거리, 즉 행성 궤도의 반지름과 그 행성이 궤도를 한 바퀴 도는 데 걸리는 시간, 즉 궤도 공전주기(궤도주기) 사이에는 수학적으로 아주 조화로운 법칙이 성립한다. 궤도 반지름을 세 번 곱한 세제곱 값과 궤도주기를 두 번 곱한 제곱 값이 일정한 비율로 비례하는 것이다.

케플러의 법칙은 순전히 스승이 남기고 간 관측 데이터를 바탕으로 정리한 경험법칙이다. 이후 물리학자 아이작 뉴턴 Isaac Newton(1642~1727) 은 이것을 자신이 발견한 만유인력 법칙으로 증명했다. 단순히 관측자료에 기반한 경험법칙이었던 케플러의 궤도 반지름 – 주기 간 법칙은 이제 수학적으로 증명할 수 있는 공연한 우주의 원리가 되었다. 케플러와 뉴턴이 함께한 이 조화로운 협업의 결과물은 이후 현대에 이르기까지 천문학자들이 우주의 덩치를 측량하는 아주 강력한 무기가 되어주었다.

태양 주변을 맴도는 행성이 얼마나 먼 거리에 떨어져서 얼마나 빠른 속도로 궤도를 돌고 있는지를 알아내면 그 행성을 곁에 맴돌게 하는 중심인 태양의 중력이 얼마나 강한지 계산할 수 있다. 태양을 직접 저울 위에 올리지 않아도 태양 주변을 맴도는 행성들의 운동 상태만 보고 태양의 질량을 알 수 있는 것이다. 케플러가 발견하고 만유인력 법칙이 정립한 이 궤도 반지름 – 주기 사이의 법칙이 우주 전역에 걸쳐 똑같이 적용되는 원리라면, 은하 중심의 괴물 주변을 맴돌고 있는 별들의 궤도에도 적용할 수 있다. 이 방법으로 천문학자들은 약 2만6000광년 거리에 숨어 있는 괴물의 질량을 정교하게 측정해냈다.

궁수자리 A* 주변을 맴도는 가스 덩어리와 별들의 궤도를 관측하고, 이 법칙으로 은하 중심에 살고 있는 괴물의 신체검사를 진행한 결과, 밝혀진 괴물의 덩치는 무려 우리 태양이 200만 개가 모여 있는 것만큼이나 무거웠다. 하나의 단일 천체가 이렇게 무거운 질량을 갖고 있다는 것은 아주 놀라운 결과다.

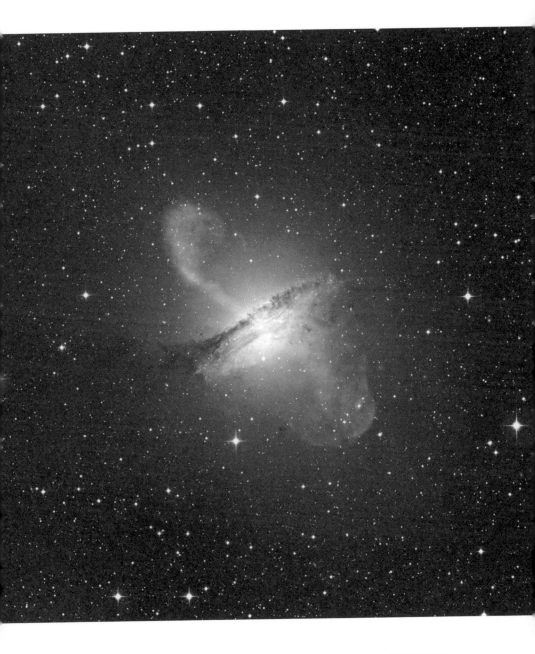

센타우르스A 은하의 중심에 숨어 있는 초거대 질량 블랙홀에서 강한 에너지 제트가 뿜어져 나오고
있다.ⓒ가시광 − ESO / WFI, 전파 − MPIfR / ESO / APEX, 엑스선 − NASA / CXC / CfA

예측을 빗나간 잠잠한 먹방쇼

은하계 중심에 숨어 있는 이 거대한 블랙홀 괴물은 아주 강한 중력으로 주변의 가스와 별들을 호로록 집어삼킨다. 마치 작은 입에 지나치게 많은 음식을 한데 밀어넣다 보면 입 바깥으로 일부 음식물과 용트림이 새어나오는 것처럼, 이런 과격한 먹방을 찍고 있는 블랙홀 주변에서는 아주 강한 에너지가 새어나올 수 있다. 우리은하 중심에 살고 있는 괴물은 위아래로 에너지를 토해내며 추접한 모습으로 먹방을 찍고 있다.

은하계 중심 블랙홀 주변을 맴도는 별과 가스 덩어리의 궤도는 블랙홀의 강한 중력에 의해 대부분 동그란 원이 아닌 길게 찌그러진 타원을 그린다. 블랙홀 주변을 맴돌면서 블랙홀에 가장 가까이 접근하는 지점을 근-블랙홀 지점이라고 한다. 이 지점에서 블랙홀에 바짝 달라붙어 빠르게 빨려 들어가듯 돌진하다가, 다시 크게 방향을 꺾으며 멀리 벗어난다. 그리고 부메랑처럼 그 궤도를 반복해서 움직인다. 우리은하 중심의 블랙홀 주변에서도 별과 가스 덩어리들은 블랙홀 속에 빨려 들어갈 듯한 아슬아슬한 타원 궤도를 그리면서 빠르게 그 곁을 돌고 있다.

그런데 2011년 아주 수상한 가스 덩어리가 하나 발견되었다. G2 구름G2 Cloud이라고 명명된 이 가스 덩어리는 단순히 타원을 그리며 블랙홀 곁을 아슬아슬하게 스쳐 지나가는 수준이 아니었다. 처음으로 발견되었을 당시 천문학자들이 계산한 결과에 따르면, 이 가스 덩어리는 놀랍게도 블랙홀을 향해 곧바로 돌진하는 듯한 직선 궤도에 가깝게 움직이고 있었다. 관측된 이 G2 구름의 궤도에 따르면, 블랙홀에 가장 가까워질 때

우리은하 중심 초거대 질량 블랙홀 곁에서 아주 아슬아슬한 궤도를 그리고 있는 가스구름의
상상도.©ESO / MPE

는 지구 – 태양 사이 거리의 100배 수준까지 접근했다. 물론 인간의 입장
에서 지구 – 태양 사이 거리의 100배면 먼 거리라고 생각하기 쉽지만, 태
양이 200만 개가 모여 있는 만큼 무겁고 거대한 블랙홀 곁에서 그만큼의
거리는 코앞 정도라고 볼 수 있다.

　　당시 천문학자들은 2014년 무렵이 되면 이 가스 덩어리가 블랙홀

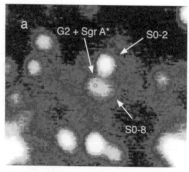

a) 우리은하 중심의 초거대 질량 블랙홀 Sgr A*와 그 곁을 맴도는 G2 가스구름, 그리고 함께 곁을 맴도는 다른 별 S0-2와 S0-8을 L' 밴드로 관측한 모습

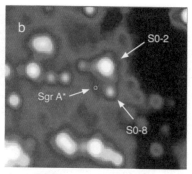

b) 같은 영역을 K' 밴드로 관측한 모습

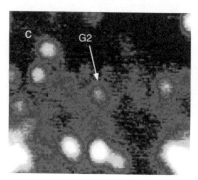

c) 같은 영역에서 블랙홀 Sgr A*의 빛을 제거한 모습

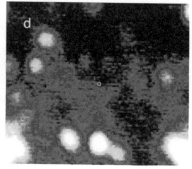

d) 같은 영역에서 블랙홀 Sgr A*와 G2 가스구름의 빛을 모두 완벽하게 제거한 모습. 녹색 동그라미가 원래 블랙홀이 위치하고 있는 곳이다.

우리은하 중심 궁수자리 A* 곁에서 빠르게 맴돌던 가스구름 G2는 많은 천문학자들의 예상과 달리 파괴되지 않고 살아남아 그 모습을 드러냈다.ⓒCornell University

에 가장 가까이 접근하면서 산산이 부서질 것이라고 예측했다. 또한 블랙홀이 그 가스 덩어리를 호로록 집어삼키면서 바깥으로 강한 에너지를 토할 것이고, 그 모습을 전파망원경으로 포착할 수 있을 것이라 예상했다.

그런데 놀랍게도 2014년에 아무런 일도 일어나지 않았다. 전파망원경으로 지켜본 블랙홀 주변에서도 별다른 신호가 보이지 않았다. 더욱 놀라운 것은 G2 구름이 블랙홀 바로 곁을 스쳐 지나간 후 무사히 살아남아 다시 모습을 드러낸 것이다. 형태만 조금 일그러졌을 뿐, 가스 덩어리는 건재했다. 그렇게 블랙홀 가까이를 스쳐 지났는데도 아무 일도 없다는 듯 무사했다. 무사한 것이 문제였다.

블랙홀에서 살아남기

블랙홀은 가장 대중적으로 친숙하고 잘 알려진 천문학 개념 중 하나다. 동시에 많은 오개념으로 잘못 알려진 대상이기도 하다. 흔히 블랙홀이라고 하면 마치 수영장의 배수구멍처럼 주변의 모든 것을 쭉 빨아들이는 우주의 구멍으로 생각하는 경우가 많다. 그러나 블랙홀은 단순히 물질을 집어삼키는 우주 구멍이 아니다. 블랙홀은 그저 덩치가 커서 중력이 강한 천체다. 만약 지구의 하늘을 비추는 태양이 질량을 그대로 유지하면서 블랙홀이 되어버린다면 어떻게 될까? 지구를 비롯한 태양계 천체들이 다 태양 속으로 빨려 들어가게 될까? 그렇지 않다. 태양의 질량이 변하지 않는다면 태양이 주변에 가하는 중력도 계속 유지되기 때문에 주변 천체들은 아무 일 없다는 듯 원래 돌던 궤도를 계속 유지한다. 물론 따뜻한 태양 빛이 사라졌기 때문에, 블랙홀에 빨려 들어가는 대신 얼어 붙는 방식으로 지구 문명은 사라지겠지만.

따라서 블랙홀의 강한 중력에 대항할 만큼 아주 빠른 속도로 그 곁을 돌 수만 있다면 바로 블랙홀 속으로 소화되는 불상사는 피할 수 있다. 앞서 설명한 블랙홀 근처의 별과 가스 덩어리처럼 빨려 들어가지 않고 빠르게 맴돌면서 아슬아슬한 익스트림 스포츠를 즐길 수 있을 것이다. 특히 여러 은하 중심에 숨어 있는 초거대 질량 블랙홀은 아주 오래전 우주 초기에 별과 가스들을 한데 모아 은하라는 거대한 대도시를 만드는 씨앗 역할을 했다. 블랙홀은 단순히 주변 물질을 빠르게 집어삼키는 먹성 때문에 매력이 있는 것이 아니다. 초거대 질량 블랙홀은 우리가 우주에 존재할 수 있도록, 초기 우주를 기획한 1세대 디자이너라고 볼 수 있다. 이제 천문학자들은 우리 우주의 디자인 과정을 자세히 파헤치기 위해 우주 곳곳에 숨어 있는 초거대 질량 블랙홀들을 찾아내고 그 특징을 연구한다.

그나마 우리은하 중심에 살고 있는 초거대 질량 블랙홀은 우리가 유일하게 주변 별과 가스 덩어리들의 움직임을 자세히 들여다볼 수 있는 괴물이다. 우리은하 바깥 훨씬 더 멀리 떨어진 다른 은하 속에 살고 있는 괴물들의 모습은 더 자세히 들여다볼 수 없다. 천문학자들은 대체 어떻게 우리은하 중심 블랙홀 곁에서 그 연약해 보이는 가스 덩어리가 바로 잡아먹히지 않고 살아남을 수 있었는지 갖가지 추측을 내놓았다. 둘의 힘겨루기 모습은 단순히 거대한 블랙홀과 가스 덩어리의 싸움이라고 보

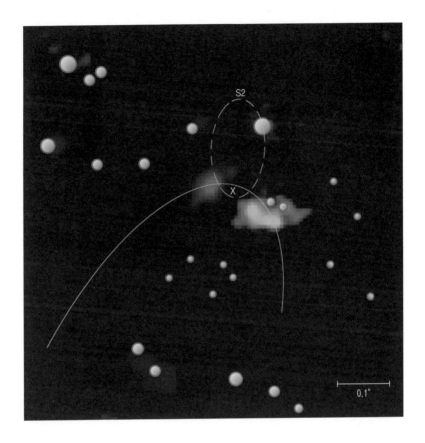

거의 같은 궤도를 따라 우리은하 중심 초거대 질량 블랙홀 곁을 맴돌고 있는 두 가스구름. 사진에서
붉은색이 G2, 푸른색이 G1 구름이며, 실선이 두 가스구름의 궤도, 점선은 별 S2의 궤도다. 빨간
가스구름과 파란 가스구름이 떨어진 거리는 지구와 태양 사이 거리의 약 900배 정도 된다. 이 두
가스구름은 별 S2가 블랙홀 곁을 맴돌면서 새어나온 흔적으로 생각된다. X는 우리은하 중심의 블랙홀의
위치다.©MPE

기에는 미심쩍은 부분이 많았다. 이후 관측을 더 진행하며 근처에서 또 다른 가스 덩어리를 확인했다. 이 새 가스 덩어리는 G1이라고 명명했다. 놀랍게도 블랙홀 주변을 맴도는 G1과 G2 구름의 궤도는 아주 비슷했다. 절묘하게도 두 가스 덩어리가 거의 같은 궤도를 따라 블랙홀 주변을 돌고 있었다.

이 모습은 사실 두 개의 가스 덩어리가 따로 태어난 것이 아니라 원래는 하나의 별로 뭉쳐 있던 별이었다는 것을 암시한다. 블랙홀에 바짝 붙어 지나가면서 두 가스 덩어리가 파괴되거나 완전히 사라지지 않은 이유는 그 가스 덩어리가 사실 땅땅하게 뭉쳐 있는 별의 조각이기 때문이다.

최근 분석에 따르면 오래전 블랙홀 곁을 맴돌던 하나의 큰 별이 있었고, 블랙홀의 강한 중력에 의해 별은 껍질부터 벗겨졌다. 블랙홀을 향해 반복해서 돌진하면서 서서히 벗겨진 별의 껍질 잔해는 크게 두 조각으로 찢어졌다. 그 잔해가 지금 관측되는 두 가스 덩어리 G1과 G2 구름이 되었다. 천문학자들은 특히 둘 중에서 더 밝게 보이는 G2 구름에 아직 뭉쳐 있는 별의 핵Core이 남아 있을 거라고 추측한다. 오래전 블랙홀은 근처를 지나가는 별을 한 번에 다 삼키지 못했고, 둘로 쪼개진 과일처럼 커다란 두 조각의 가스 덩어리를 남겼다. 그리고 지금 다시 기회를 엿보면서 남은 과일 껍질과 씨앗을 집어삼키기 위해 기다리고 있을지도 모른다.

앞으로 2018년이 되면 G2 구름의 궤도는 다시 한 번 우리은하 중심의 거대한 괴물 근처를 가까이 스쳐 지나갈 예정이다. 그때가 되면 대체 이 수상한 가스 덩어리의 정체가 무엇인지 더 자세한 분석을 할 수 있을 것으로 기대하고 있다. 정말로 찢어진 별의 잔해가 아니라 그저 운이 좋았던 가스 덩어리라면, 2018년에는 한 번 더 운이 따르지는 못할 것이다. 그렇다면 2018년에 블랙홀과 다시 조우하면서 결국 호로록 빨려 들어가고, 그 주변에는 블랙홀이 토해낸 강한 에너지와 충격파의 흔적만 남게 될 것이다. 다시 궁수자리 A* 괴물 곁에서 가스 덩어리가 별다른 일 없이 살아남을지, 아니면 이번에는 결국 괴물의 승리로 끝나게 될지 천문학자들은 계속하여 두 가스구름의 앞날을 예의 주시하고 있다.

모닝 커피 속 에 서 우려나오는 별 먼 지

130억 년을 우려낸 별의 일생

블랙홀이 숨어 있는 침대에서 간신히 빠져나왔다. 피곤한 아침, 아직 감긴 눈을 깨우기 위해 따뜻한 카페인을 한가득 마시기로 한다. 커피 가루가 담긴 컵 옆에 방금 불을 올린 커피포트의 온도가 서서히 올라간다. 물이 거의 끓기 시작하면 보글보글 기포가 올라오고 커피포트 밖으로 하얀 수증기가 새어나온다. 곱게 간 커피에 방금 끓인 뜨거운 물을 부으면, 물의 흐름에 따라 커피 가루가 아래에서 위로 솟아오르며 서서히 끓는 물 속에 골고루 녹아드는 것을 볼 수 있다. 특히 방금 끓인 뜨거운 물의 높은 온도 때문에, 컵 바닥에 가라앉은 물은 다시 커피 가루를 싣고 컵 위로 올라온다. 올라오는 물의 흐름으로 인해 컵 가장자리의 물과 녹은 커피 가루는 다시 바닥으로 가라앉는다.

지옥에서 펼쳐지는 핵융합 마법

물이 다 식고 컵 전체에 커피 가루가 골고루 스며들 때까지, 위아래로 오르락내리락하는 물의 흐름을 따라 커피 가루도 함께 움직인다. 온도가 높으면 상대적으로 밀도가 낮아지면서 위로 올라가려 하고, 온도가 낮으면 밀도가 무거워지면서 아래로 내려가려는 흐름, 이 두 가지 흐름이 함께 나타나면서 작은 커피잔 속에는 인상적인 대류 사이클이 그려진다. 마치 지금 이 시간에도 보글보글 끓어오르는 밝은 태양처럼. 태양을 비롯한 우주의 모든 별들은 그 표면에서 거대한 대류 사이클을 그려내면서, 중심에 가라앉은 물질이 표면 위로 올라가며 골고루 섞이고 있다.

　우리 태양의 표면 온도는 약 6000K(섭씨 혹은 화씨 온도 단위는 단순히 더 뜨겁고 차가운 상대적인 비교만 할 수 있다. 천문학을 비롯한 자연과학에서는 열의 절대적인 양을 계산하고 다루기 위해 절대온도 단위, 켈빈(K)을 사용한다. 열이 하나도 없는 이론적인 절대 영도 0K을 기준으로 온도를 표기하는데, 0K은 섭씨 온도로 대략 −273.15℃에 해당한다. 섭씨온도와 약 273도 차이가 난다고 보면 된다.)에 달한다. 이 정도만 해도 지구가 녹을 정도로 뜨거운 온도지만, 그 안쪽으로 더 깊이 들어가면 무려 1000만 K가 넘는 불지옥이 존재한다. 별이 이처럼 뜨거운 온도를 유지할 수 있는 것은 그 안에서 계속 쉬지 않고 에너지를 만들어내는 핵융

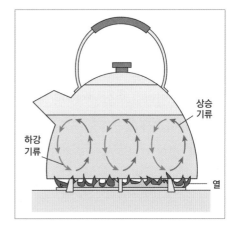

물을 끓이는 주전자 속에서 형성되는 대류 흐름.©Wikimedia / Encyclopedia Britannica

합Nuclear fusion 반응 덕분이다. 핵융합은 말 그대로 원자들의 중심에 있는 원자핵들이 서로 융합하면서 더 무거운 원자를 만드는 반응을 의미한다.

　　원자들은 열에 대해 솔직하다. 더 많은 열이 가해지면 그 에너지는 고스란히 원자들의 운동으로 변화한다. 보통 일상생활에서 온도라고 하면 온도계 눈금으로 표현되는 '뜨거운 정도'로 생각하지만 물리학적으로 온도는 그 공간에 분포하는 입자들이 얼마나 빠르게 움직이고 있는지, 그 평균 운동에너지를 의미한다. 별의 중심처럼 강한 중력에 의해 원자들이 꽉 짓눌려 빽빽하게 차 있는 환경에서 뜨겁게 달궈진 원자들은 더 답답할 것이다. 더운 여름날 땀냄새가 나고 후끈한 만원 지하철에 갇힌 모습과 비슷하다. 잔뜩 열을 받은 승객들은 가만히 있지 못하고 꼼지락거리며 지옥철을 탈출하고 싶어 하지만, 꽉 찬 열차 안에서 뜨거운 서로

의 몸을 맞부딪치는 고통을 참고 있어야 한다.

우주에서 가장 흔한 원자는 원자핵을 이루는 양성자Proton 하나와 그 주변을 맴도는 전자Electron 하나씩만 있으면 간단하게 만들 수 있는 가장 작고 가벼운 수소Hydrogen다. 수소는 우주 전체의 약 75%를 차지하고 있다. 따라서 그런 우주 속에서 만들어진 별들도 대부분 수소로 이루어진다. 별의 뜨거운 중심부에서 들끓는 수소 원자핵들이 서로 부딪치고 반죽되면서 융합하는 수소 핵융합 반응을 통해 별은 에너지를 만들어낸다.

사실 원자핵을 이루는 양성자들은 모두 전기적으로 같은 양성(+)을 띠고 있다. 그래서 서로 가까이 다가갈수록 그 사이에는 서로를 밀어내는 강한 전기적 척력이 작용한다. 자석의 같은 극을 서로 마주 보게 하면 자석들이 서로를 밀어내는 것과 같은 원리다. 하지만 그 잠깐의 척력을 극복하고 더 가깝게 양성자들을 끌어다 놓으면 결국에는 아예 붙어버린다. 전기적 척력이 작용하는 것보다 더 짧은 거리에서는 양성자들을 한데 묶어주는 힘인 핵력Nuclear force이 작용한다. 멀리 떨어져 있던 두 원자핵이 서로 다가갈 때는 자석의 같은 극끼리 밀어내는 것처럼 강하게 밀어내지만, 그 반발력을 극복하고 더 바짝 달라붙게 되면 마치 억지로 자석의 같은 극을 붙여놓은 것처럼 더 큰 원자핵으로 합체할 수 있다.

물리학에서는 이처럼 두 입자가 서로 얼마나 친한지, 어색한지의 정도를 퍼텐셜Potential이라고 표현한다. 우리가 요즘 흔히 사용하는 '포텐 터진다'의 '포텐'은 바로 이 물리학 용어인 퍼텐셜에서 나온 것이다. 전기적으로 같은 양성을 띠는 원자핵끼리 서로를 밀어내는 전기적 퍼텐셜의 장벽을 극복하고 핵력이 작용하는 더 작은 거리로 두 원자핵이 접근하는 것을 터널링 효과Tunneling effect라고 한다. 마르셀 에메Marcel Ayme의 소설 〈벽을 드나드는 남자〉의 주인공처럼 원자핵 사이를 가로막고 있는 전기적 장벽을 통과해 맞붙는 셈이다.

작은 입자들을 다루는 미시세계에서 벌어지는 이런 마법 같은 터널링 효과가 조금이라도 더 많이 일어나려면, 전기적 장벽을 뚫기 위해 벽에 돌진하는 시도를 더 많이 해야 한다. 수천만K 이상으로 뜨겁게 달아오른 별의 중심에서는 아주 높은 에너지를 가득 머금은 원자핵들이 매우 빠른 속도로 돌아다니고 있다. 높은 밀도로 빽빽하게 가득 찬 원자핵들이 바쁘게 돌아다니다 보면 서로를 향해 급속도로 돌진할 수 있다. 쉬지 않고 충돌이 벌어지는 혼란한 범퍼카 놀이기구 같은 모습이다. 이처럼 뜨거운 별의 중심에서 빠르게 돌아다니는 원자핵들은 계속 서로를 향해 강하게 충돌하면서 전기적 장벽을 뚫는 시도를 쉬지 않고 할 수 있다. 퍼텐셜을 넘나드는 마법과 같은 순간이 별의 중심에서 계속 벌어지면서, 수소 같은 가벼운 원자핵이 더 무거운 원자핵으로 반죽된다.

핵융합이라고 다 같은 핵융합이 아니다

이러한 수소 핵융합 반응은 그 반응이 벌어지는 온도의 범위와 반응 과정에 따라 크게 두 가지로 구분한다. 태양보다 살짝 가볍거나 태양 정도 되는 별들은 우주 전체 별들 중에서 미지근한 수준이라고 볼 수 있다. 이처럼 평균 이하 정도로 덩치가 작은 별들의 중심은 '기껏'해야 수천만K 까지 올라간다. 별 중심치고 '미지근'한 상태에서 수소의 원자핵, 양성자들은 직접 충돌하면서 반죽하는 핵융합을 한다. 양성자와 양성자가 직접 합체하는 이 반응을 PP체인PP Chain이라고 한다. 양성자Proton, 즉 P 두 개가 직접 반응하는 것을 의미한다.

우선 수소 원자핵 두 개가 붙어 보통의 수소보다 두 배 더 무거운 이중수소, 듀테륨Deuterium을 만든다. 이후 듀테륨에 다시 수소 원자핵 하나가 더 달라붙어 보통의 수소보다 세 배 더 무거운 삼중수소, 트리튬Tritium을 만든다. 마지막으로 트리튬 두 개가 서로 융합하면서 수소보다 네 배 무거운 헬륨Helium이 만들어진다. 이 과정에서는 순전히 수소 원자핵들만 붙었다 떨어지는 반응이 일어난다. 이러한 PP체인 방식의 수소 핵융합을 통해 수소 네 개가 모여 헬륨 하나를 만들게 되는 것이다.

이러한 반응이 한 번 진행되는 데는 무려 1억 년이라는 긴 시간이 걸린다. 하지만 다행히 별의 중심에는 이런 반응을 거치고 있는 수소 원자핵의 수가 어마어마하게 많기 때문에, 별 전체로 봤을 때는 PP체인 수소 핵융합 반응이 쉬지 않고 지속되는 것처럼 보인다. 우리 태양도 지금 이렇게 빛나고 있다. 그러나 이 정도 온도로는 수소보다 더 무거운 원자핵을 땔감으로 쓸 수 없다. 결국 수소 핵융합을 통해 만들어진 헬륨은 타지 않는 노폐물이 되어 별의 중심에 차곡차곡 쌓이게 된다.

태양보다 더 무거운 덩치 큰 별들은 그 중심의 온도도 수억K에 달할 만큼 훨씬 뜨겁게 끓고 있다. 이처럼 훨씬 높은 온도에서는 PP체인과 다른 방식의 핵융합이 가능하다. 75%를 차지하는 수소 다음으로 우주에 많은 성분이 24% 정도를 차지하는 헬륨이다. 그리고 그 나머지 모든 원소들이 거의 1% 정도밖에 되지 않는 미량을 채우고 있다. 우리 몸을 이루는 칼륨, 나트륨, 철 등 다양한 무거운 원소들 모두 우주 전체에서 극미량 원소에 해당한다. 그런데 이런 미량의 무거운 원소들 중 탄소Carbon, 질소Nitrogen, 산소Oxygen가 별에 함께 녹아 있다면 PP체인보다 더 효율적인 수소 핵융합 반응을 할 수 있다.

충분히 뜨거운 온도 속에서 이 탄소, 질소, 산소 원자핵들에 수소 원자핵이 붙었다가 떨어지면서 반응속도를 빠르게 해주는 중간 촉매 역할을 한다. 탄소, 질소, 산소는 직접 반응의 결과물을 만들지는 않는다. 다만 그 반응의 중간 과정에 끼어들었다가 빠지면서 반응속도를 빠르게 할 뿐이다. 이처럼 탄소, 질소, 산소를 머금은 고온의 별 중심에서 벌어지는 빠른 속도의 수소 핵융합을 CNO사이클CNO Cycle 반응이라고 부른다. 온도가 낮은 별에서는 PP체인 반응만 주로 일어나지만, 온도가 훨씬 높은 별에서는 PP체인뿐 아니라 CNO사이클도 함께 진행된다. 온도가 높다고 해서 CNO사이클만 작동하는 건 아니다. 우리 태양은 탄소, 질소, 산소를 머금고 있기는 하지만 중심의 온도가 충분히 높지 않기 때문에 주로 PP체인으로 에너지 발전을 하고 있다.

폭탄이라고 다 같은 규모의 위력을 갖고 있지 않듯, 수소 핵융합이라고 다 같은 핵융합이 아니다. 태양과 같이 비교적 자그마한 별 중심에서 일어나는 PP체인은 온도 상승에 덜 민감하다. 반면 뜨거운 별 중심에서 일어나는 CNO사이클은 온도 상승에 아주 민감하게 반응한다. 둔감한 PP체인의 반응 효율은 온도가 올라감에 따라 온도의 네제곱에 비례

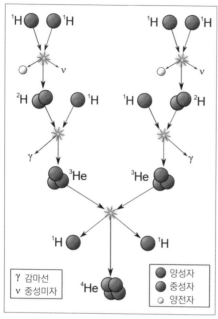

◀ 수소가 모여서 헬륨을 만드는 PP체인 핵융합 과정.ⓒWikimedia

▼ 탄소, 질소, 산소가 중간 촉매로 활용되는 CNO사이클 핵융합 반응 과정.ⓒWikimedia

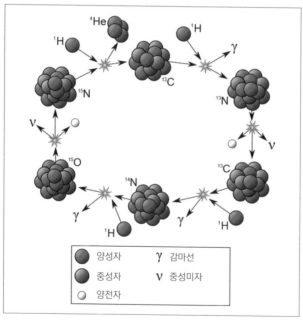

해서 상승한다. 그보다 훨씬 예민한 CNO사이클은 무려 온도의 17제곱에 비례하면서 아주 빠르게 효율이 급상승한다.

중심의 온도가 1000만K, 그리고 그 두 배인 2000만K 정도 되는 별 두 개를 상상해보자. 2000만K로 끓고 있는 별은 1000만K짜리 별에 비해 그 중심 온도가 두 배 더 뜨거워졌기 때문에 PP체인의 효율은 2의 네제곱인 16배 정도 더 커진다. 반면 CNO사이클은 2의 17제곱인 약 13만 배나 더 효율적으로 반응한다. 즉, 중심이 뜨거운 별은 온도 상승에 더 민감하게 반응하는 CNO사이클이 왕성하게 일어나기 때문에, 더 폭발적으로 핵융합 효율이 올라가게 된다.

화내는 방법에 따라 달라지는 생김새

두 가지 핵융합 방식은 온도에 대한 민감도가 다르다. 이러한 차이는 질량에 따른 별 내부구조의 차이를 만든다. 별의 온도는 그 정중앙에서 표면으로 올라오면서 조금씩 낮아진다. 즉, 온도가 제일 뜨거운 정중앙에서는 가장 효율적으로 핵융합 반응이 일어나고, 조금씩 표면으로 올라올수록 핵융합 반응의 효율이 조금씩 감소하게 된다. 그런데 태양 정도 되는 가벼운 별의 중심에서 벌어지는 PP체인은 온도 상승에 비교적 둔감하다. 별의 정중앙이나 그보다 살짝 밖으로 벗어난 지점이나 핵융합 반응의 효율이 큰 차이를 보이지 않는다. 정중앙에서부터 수소 핵융합에 의해 수소가 고갈되고 헬륨이 만들어질 때, 충분히 그 헬륨이 여기저기

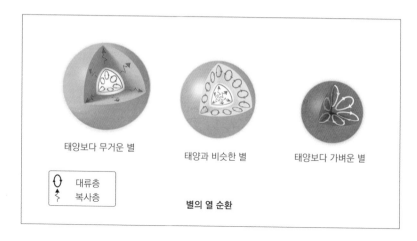

태양보다 무거운 별

태양과 비슷한 별

태양보다 가벼운 별

$\begin{matrix} 0 & 대류층 \\ \uparrow & 복사층 \end{matrix}$

별의 열 순환

무거운 별은 중심에 대류핵이, 외곽에 복사층이 형성된다. 가벼운 별은 반대로 중심에 복사핵이, 외곽에 대류층이 형성된다.ⓒWikimedia/sun.org

골고루 섞일 수 있는 여유가 있다. 그래서 태양 정도 되는 가볍고 미지근한 별들의 중심은 전반적으로 균일한 화학 조성을 갖게 되고, 표면으로 올라오면서 점진적으로 온도가 감소하는 경향을 갖는다.

　반면 태양보다 훨씬 무겁고 뜨거운 별은 다른 모습을 갖는다. CNO 사이클은 뜨거운 중심으로 들어갈수록 증가하는 온도 상승에 아주 민감하기 때문에, 별의 정중앙에서부터 아주 빠른 속도로 수소를 반죽해 헬륨을 만들어낸다. 마치 수소를 집어삼키듯 아주 빠르게 핵융합 반응을 일으키는 정중앙에 비해, 그보다 살짝 밖으로 벗어난 지역은 느리게 반응한다. 그 결과 정중앙과 그 주변의 반응 효율 차이가 극명하게 달라진다. 정중앙에서 수소를 호로록 삼키고 헬륨으로 치환시키는 것처럼, 급격하게 수소를 고갈시키고 헬륨 노폐물이 빠르게 누적된다.

다시, 커피를 우려내고 있는 주전자를 보자. 뜨겁게 보글보글 끓기 시작하는 주전자 내부의 물은 빙글빙글 돌면서 대류하는 순환고리를 그린다. 그 이유는 바닥에서 뜨겁게 달아오른 물의 하단부와 상대적으로 온도가 낮은 물의 상단부 사이 온도 차이를 해소하고 열을 주전자 속 곳곳에 고르게 나눠주기 위해서다. 이런 이유 때문에 찬바람이 나오는 에어컨은 위에, 뜨거운 열이 나오는 난로는 바닥에 설치해야 냉난방 효과를 높일 수 있다.

이처럼 뜨거운 기운은 위로, 차가운 기운은 아래로 오르내리면서 돌고 도는 순환 사이클은 그 시스템 전체의 상층과 하층의 온도 차이, 온도 경사Temperature gradient가 가파를 때 형성된다. 즉, 위아래의 온도 차이가 클 때 그 차이를 빨리 해소하기 위해 대류 사이클이 작동하는 것이다. 태양 정도의 질량을 갖고 있는 미지근한 별의 중심은 온도에 덜 민감한 PP체인 반응이 벌어지기 때문에 중심에서 표면으로 올라올수록 열이 감소하는 경사가 급하지 않다. 그와 달리 태양보다 훨씬 무거운 별의 중심에서는 온도에 아주 민감한 CNO사이클이 에너지를 만들고 있기 때문에 중심에서 벗어날수록 열이 감소하는 경사가 급하다. 이처럼 무거운 별의 중심에서는 그 급한 온도 경사를 해소하기 위해 뜨거운 정중앙의 에너지를 위로 퍼올리고, 그보다 온도가 낮은 주변부의 에너지를 아래로 다시 가라앉히는 대류 사이클이 그려진다. 그 결과 태양 정도의 미지근한 별의 중심에서는 단순히 주변에 열을 바로 전달해주는 복사핵Radiative core이 형성되지만, 더 뜨거운 별의 중심에서는 급격한 온도 경사를 해소하기 위한 대류핵Convective core이 형성된다.

가늘고 길게, 굵고 짧게

핵융합이 계속 진행되고 중심의 수소가 거의 고갈되면 태울 수 없는 헬륨 찌꺼기만 차곡차곡 쌓이게 된다. 결국 별 중심에서 태울 수 있는 수소가 사라지면 핵융합 엔진은 시동을 멈춘다. 헬륨에 비해 가벼운 수소 원자핵은 비교적 낮은 온도에서도 융합할 수 있지만, 그보다 더 무거운 헬륨 찌꺼기를 다시 융합에 사용하기 위해서는 보다 많은 에너지가 필요하다. 따라서 중심의 수소가 헬륨으로 치환되는 과정은 타지 않는 헬륨이 수소의 자리를 대체하는 과정으로 볼 수 있다. 시동이 꺼진 별의 엔진은 더 이상 열을 내지 못하고 온도가 식어가면서 크게 부풀어 있던 별의 중심핵이 수축한다.

별의 중심핵이 더 작은 크기로 오므라들면 그 위치에너지가 열로 바뀌면서 다시 차갑게 식어가던 중심부의 온도를 조금씩 높일 수 있다. 한차례 커피를 끓이고 남은 찌꺼기를 다시 우려내면서 두 번째 커피를 만드는 시도를 하는 셈이다. 하지만 진하게 타고 남아 응어리 진 커피 찌꺼기를 다시 우려내기 위해서는 더 많은 물과 열이 필요한 것처럼, 수소 핵융합으로 남은 헬륨 찌꺼기는 핵융합을 하기 위해 더 높은 온도가 필요하다. 별 자체의 덩치가 크지 않다면 중심핵이 수축해도 충분한 열을 만들지 못한다. 결국 커피는 딱 한 번뿐, 수소 커피를 한 번 끓이고 나서

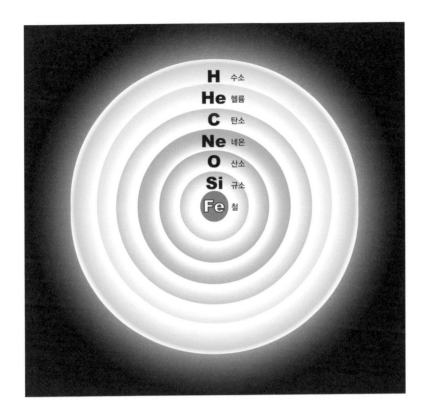

단계별로 핵융합을 진행하는 거대한 별에는 더 이상 핵융합을 할 수 없는 철 핵을 중심으로 외곽에 더 가벼운 원소들로 이루어진 층들이 겹겹이 쌓인다.©Wikimedia

는 더 진한 커피를 우리지 못하고, 별, 아니 별이었던 가스 덩어리는 서서히 어둡게 식어간다.

이와 달리 덩치가 큰 무거운 별은 시동을 끈 채 차갑게 식어가던 중심핵에 충분한 열을 제공할 수 있다. 중심에 첫 번째 핵융합을 하고 남은 헬륨 핵 노폐물 덩어리를 감싸고 있는 주변의 잔여 수소를 시작으로 다시 핵융합이 진행된다. 이런 식으로 충분히 무거운 질량을 품고 있는 거대한 별은 계속하여 다음 단계의 핵융합을 재개한다. 질량이 아주 무거운 별이라면 계속 노폐물로 만들어지는 더 무거운 원자핵을 땔감으로 재활용하는 과정을 반복할 수 있다. 여러 번의 핵융합을 거듭하면서 차근차근 더 무거운 새로운 종류의 노폐물을 중앙에 쌓아가면서, 마치 양파 껍질이 겹겹이 쌓여 있는 것과 같은 구조를 이룬다. 이러한 별의 내부구조를 양파껍질 구조Onion shell structure라고 한다.

별의 질량이 무거워서 땔감으로 쓸 수 있는 원소 양이 많을수록 그만큼 연료를 소진하는 데 더 긴 시간이 걸린다고 생각할 수도 있다. 그래서 질량이 더 무거운 덩치 큰 별이 더 오랫동안 빛난다고 생각할 수 있다. 하지만 별의 수명은 단순히 그 땔감의 양으로 정해지지 않는다. 앞서 설명했던 핵융합 반응의 효율이 아주 중요한 역할을 한다. 질량이 더 무거운 별에서는 땔감의 양도 많지만 그것을 소진하는 핵융합 반응의 효율도 엄청 높다. 따라서 질량이 더 무거운 별일수록 훨씬 빠르게 연료를 소진하고 찌꺼기를 남긴다. 질량이 크면 더 장엄한 단계까지 진화할 수 있지만, 그 마지막 단계까지 가는 데 걸리는 시간, 별의 수명은 오히려 짧다. 따지고 보면 별의 인생은 크게 극적인 두 가지로 갈린다고 볼 수 있다. 우리 태양처럼 그저 그런 수준으로 미지근하게 빛나면서 가늘고 길게 사는 인생, 그리고 무거운 별처럼 한 번 제대로 굵고 짧게 사는 인생.

130억 년을 우려낸 별다방 커피

이런 진화 과정을 거치는 동안 별은 마치 숨을 쉬는 개구리 배처럼 커졌다 작아졌다, 팽창과 수축을 반복한다. 핵융합 엔진이 꺼지고 켜지는 것을 반복하면서 별의 불안정한 내부에서는 별을 크게 부풀렸다가 수축시키는 과정이 계속된다. 이때 가스 덩어리는 별이 부풀었다가 다시 수축할 때, 자신을 이루고 있던 외곽의 물질을 바깥에 일부 토해낼 수 있다. 주전자에 물을 끓이는 동안 그 안의 모든 물이 고스란히 주전자에 남아 있지 않고 일부는 표면에서 증발하는 것처럼, 별 역시 끓는 동안 일부가 바깥으로 새어나간다. 이를 별의 질량 손실Mass loss이라고 한다. 겉으로 잘 드러나지 않지만, 별의 인생을 이해하기 위해서는 아주 중요한 골치 아픈 녀석이다.

별의 전체 질량이 감소하면 별의 중심부에서 온도를 높이는 효율도 떨어지고, 앞으로 별이 걷게 될 진화의 운명에도 큰 영향을 끼친다. 하지만 별이 분출하는 에너지의 세기와 양은 예측하기 어렵다. 팽창과 수축이 빈번하게 일어나면서 아주 격한 불안정 시기를 보내는 무거운 별의 경우, 1000년에 태양 하나 정도 되는 질량을 다이어트한다. 이렇게 빠르게 별 표면 바깥으로 가스물질이 새어나가면서 그 주변에 둥근 충격파를 흔적으로 남긴다. 둥근 가스 덩어리인 별은 사방으로 거의 비슷한 속도로 물질을 토해낸다. 이를 별에서 불어 나가는 에너지의 바람이라는 뜻에서 항성풍Stellar wind이라 부른다. 지구에서 그나마 거리가 가까워 유일하게 표면을 자세히 볼 수 있는 별인 태양을 계속 관측하다 보면 그 주변

허블 우주망원경에 담긴 거품 성운Bubble Nebula NGC 7653. 거품 모양의 둥근 가스구름 중심에서 밝게
빛나는 별이 뿜어내는 강한 항성풍에 의해 우주 거품이 만들어졌다.©NASA/ESA/Hubble Heritage Team

으로 여드름 터지듯 가스물질이 분출되는 것을 쉽게 목격할 수 있다. 다른 별도 우리 태양과 마찬가지로 쉬지 않고 항성풍을 토해내고, 수축과 팽창을 반복하면서 체중을 감량하고 있다.

별의 표면은 중심과 달리 핵융합 반응을 하지 않기 때문에 대부분 반응을 하지 않은 수소 원자로 이루어져 있다. 따라서 질량 손실이라는 별들의 독특한 다이어트 방법으로 잃게 되는 대부분의 성분은 수소다. 별의 깊은 중심에 차곡차곡 쌓아놓은 훨씬 더 무거운 핵융합 찌꺼기를 바깥으로 꺼내기 위해서는 초신성 폭발과 같은 훨씬 더 격한 이벤트가 있어야 한다. 하지만 가끔은 별이 폭발하지 않아도 무거운 원소를 바깥으로 빼낼 수 있다. 뜨거운 중심에서 표면으로 올라오는 별의 대류 사이클 흐름을 따라 중심에 남아 있는 물질을 우물처럼 퍼내어 바깥으로 끌어 올리는 것이다. 엄밀하게 보면 별 자체는 단순히 커피 찌꺼기를 우려내고 있는 커피잔이 아니라 주변 우주 공간에 커피 향과 커피 맛을 은은하게 퍼트리는 거대한 원소 티백이라고 볼 수 있다. 물속에 담긴 티백에서 그 깊은 성분이 천천히 우러나는 것처럼, 태양을 비롯한 모든 별은 자신이 품고 있는 물질을 내부 대류 사이클과 항성풍의 형태로 주변 우주 공간에 은은하게 퍼트리고 있다.

우주가 처음 만들어졌던 빅뱅 직후, 이 우주는 지금보다 더 순수한 상태였다. 자연적으로 만들 수 있는 가장 간단한 원소인 수소, 그리고 약간의 헬륨이 전부였다. 그보다 더 복잡하고 무거운 성분은 쉽게 만들 수 없다. 별이 빛을 내고 우주를 비추기 위해서 이 광활한 우주 공간에 퍼져 있는 가벼운 수소, 헬륨 원자핵을 모아 뜨겁게 짓이겨 더 무거운 원소를 만드는 핵융합 과정이 있어야 한다. 자신의 수명을 다한 별은 어둡게 식거나 폭발과 함께 사라지지만, 커피잔에 커피 찌꺼기가 가라앉아 남는 것처럼 그 별이 남긴 찌꺼기는 계속 우주에 남게 된다. 그리고 그 별 찌꺼기는 다시 모여서 새로운 별과 행성, 우주의 모든 것을 만드는 데 재활용된다. 우주 전역에 분포하고, 심지어 우리 몸속, 그리고 모닝 커피 속에도 녹아 있는 다양한 화학성분들은 모두 오래전 이 부근 어딘가에 살다가 사라진 별이 남기고 간 질량 손실의 흔적인 셈이다. 우리는 매일 아침 커피 한 잔과 함께 그 안에 녹아 있는 별의 조각을 마신다. 우리가 매일 마시는 커피는 천문학적으로 지난 130억 년간 우주가 우려낸 별다방 커피라고 볼 수 있다. 우주에 은은하게 남아 있는 별의 향기가 한 잔의 커피 속에 진하게 전해진다.

왕십리역을
스 ← Kabaty 쳐
지 나 가 는
플라이 바이

먼 우주로 떠나기 위한 가장 저렴한 방법

오늘도 아슬아슬하다. 아침 출근길, 서두른다고 서두른 것 같은데 집을 나설 때면 항상 시간이 빠듯하다. 오늘도 지각이 예상된다. 보통은 저렴하고 환승 할인까지 해주는 버스나 지하철을 타지만 너무 늦은 날은 그런 여유를 부릴 수 없다. 멀리 돌아가는 대중교통 노선으로는 위험하다. 택시를 타면 목적지까지 빠른 길로 갈 수 있지만 요금이 만만치 않다. 매일 아침 하게 되는 쉽지 않은 고민이다.

조금 오래 걸리더라도 저렴한 비용으로 갈 것인지, 아니면 돈을 많이 내고 빠르게 목적지까지 갈 것인지. 이 두 가지 갈림길 사이에서의 힘든 선택은 바쁜 아침 출근길에서만 마주하는 것이 아니다. 천문학자들도 이와 똑같은 고민에 빠진다. 다른 행성을 향해 탐사선을 보내고 그 탐사선의 궤도를 결정할 때 더 저렴하게 갈지, 아니면 목적지까지 빠르게 날아갈지 고민하게 되는 것이다. 대부분 우주에서의 출근길은 저렴한 비용이 우선시되는 데, 우주 탈출 방법을 결정하는 데는 이 저렴한 비용 말고도, 또 다른 중요한 요인이 작용한다.

지구를 벗어나는 가장 저렴한 방법

지구를 떠난 탐사선들이 달이나 다른 행성에 가게 될 경우, 목적지까지 바로 일직선으로 갈 것이라고 생각하기 쉽다. 지구 위의 길처럼 굽이굽이 언덕이나 길을 가로막는 장애물도 없는 공허한 우주 공간을 곧바로 일직선으로 날아가면 빠르게 갈 수 있다고 생각하기 때문이다. 그러나 실제로는 그렇지 않다. 가장 가까운 달까지 갔다가 돌아왔던 아폴로 미션의 탐사선도 곧바로 지구에서부터 달까지 직진을 하지 않았다.

우선 로켓이 발사되면 처음 몇 시간에서 며칠 동안은 지구 주변을 낮게 맴돌면서 궤도를 안정화시킨다. 지구를 떠나지 않고 그 주변을 도는 인공위성과 같다. 이후 조금씩 엔진을 분사해 속도를 높이고, 지구 주변을 도는 탐사선의 궤도를 조금씩 타원 모양으로 늘어트린다. 점점 궤도가 크게 찌그러지고 지구에서 멀어지면서 적당히 지구 중력권을 벗어나기 시작하면, 그때 속도를 올려 지구를 떠나기 시작한다. 카우보이가 밧줄을 던질 때 곧바로 날리지 않고, 초반에 정확한 조준을 한 뒤, 추진력을 얻기 위해 손목으로 몇 바퀴 돌리다 던지는 것과 비슷하다. 그렇다면 왜 군이 원하는 목적지까지 바로 가지 않고 매일 보아온 특별할 것도 없는 지구 곁을 맴돌다가 떠나는 것일까? 지구를 떠나자니 아쉬운 향수병이라도 있는 것일까?

사이클 경기장의 모습을 다시 떠올려보자. 트랙을 도는 선수들이 빠르게 돌 수 있도록 트랙은 안쪽으로 비스듬히 기울어져 있다. 그 덕분에 선수를 받쳐주는 땅의 힘과 트랙의 마찰력 중 일부가 깔때기처럼 안쪽으로 기울어진 둥근 트랙의 중심 방향으로 작용할 수 있다. 트랙 가운데로 향하는 그 힘이 선수들이 맴돌 수 있는 구심력이 된다. 지구를 비롯한 천체들도 주변에 중력을 행사하며 그 힘으로 주변의 작은 물체들이 맴돌 수 있도록 한다. 즉, 지구는 자신의 중력으로 주변의 시공간에 마치 트랙 경기장처럼 움푹한 중력 웅덩이를 파놓았다고 볼 수 있다. 지구를 떠나려고 하는 모든 탐사선은 지구가 파놓은 중력 웅덩이, 중력 개미지옥 바깥으로 도망가려고 발버둥치는 것이다.

안쪽으로 기울어진 둥근 사이클 트랙 바깥으로 빠져나가려면 어떻게 해야 할까? 트랙 중심에서 바깥까지 거리로 따지자면 가장 짧은 경로는 기울어진 경사를 수직으로 타고 기어 올라가는 방법일 것이다. 그러나 경사가 급하기 때문에 힘이 많이 든다. 그 대신 기울어진 트랙을 따라 빠르게 자전거를 타고 돌면서 조금씩 속도를 높여 경사 위쪽으로 스물스물 올라오는 방법을 택할 수 있다. 지구의 중력 개미지옥을 벗어날 때도 마찬가지다. 곧바로 중력을 거슬러 수직으로 지구를 벗어나려면 아주 많은 연료와 비용이 필요하다. 그 대신 지구를 맴돌면서 조금씩 속도를 높이면 비록 시간은 오래 걸리지만 훨씬 적은 연료로 지구에서 멀어질 수 있다.

탐사선은 지구 중력의 영향권을 벗어난 뒤부터 주로 태양 중력의 지배를 받는다. 지구를 떠난 직후에는 지구 주변을 맴도는 지구 인공위성에 가깝지만, 지구를 멀리 벗어나면서 지구보다는 태양 중력의 영향을 받는 인공행성이 된다. 이때 탐사선을 원하는 목적지에 정확하게 보내기 위해서는 지구를 떠난 탐사선들이 인공행성으로서 그리는 궤도가 목표로 하는 다음 행성의 궤도와 교차하도록 계산하는 것이 핵심이다. 그 궤도를 따라 탐사선이 항해하면 이제 다시 태양보다는 목적지 행성의 중력으로부터 영향을 받게 되고, 인공행성이었던 탐사선은 목적지 행성의 주변을 맴도는 인공위성으로 다시 물리학적 입장이 바뀐다. 목적지 행성에 다다른 탐사선은 이제 그 중력권에 안착하기 위해 서서히 속도를 줄인다. 하지만 우리가 길에서 브레이크를 밟는 것처럼 빠르게 정지하지는 못한다. 그 대신 지구 주변을 맴돌다가 지구를 떠났던 것과 반대로, 행성을 향해 날아간 탐사선은 역추진 엔진을 조금씩 분사하면서 속도를 낮춰 행성 주변을 맴도는 궤도를 갖게 된다.

방향전환의 개이득

우주 탐사선들은 더 멀고 작은, 더 까다로운 목적지를 향해 갈수록 최대한 더 많은 환승역을 활용한다. 지구 너머 화성, 목성 등 다양한 행성 곁을 스쳐 지나가면서 그 행성의 중력을 빌려 탐사선의 속도를 높일 수 있다. 덕분에 기나긴 우주여행의 여정 동안 부족한 연료를 대신해 더 먼 태양계 변두리로 나아가는 추진력을 얻을 수 있다. 특히 탐사선들이 행성을 스쳐 지나갈 때의 이점은 단순히 속도를 얻는 것만이 아니다. 중간에 행성에 끌려갔다가 다시 그 중력권을 아슬아슬하게 벗어나면서 경로가 틀어지고, 방향을 전환할 수 있다. 도로 위에서 달리는 자동차들은 급하게 방향을 꺾기 위해 지면 위를 구르는 바퀴의 마찰력을 이용한다. 하지만 디디고 나아갈 수 있는 지면이 없는 텅 빈 우주 공간에서는 방향전환을 하는 것조차 굉장히 까다롭다. 오른쪽으로 방향을 틀기 위해서는 그 반대 방향인 왼쪽으로 가스를 분사해 진행 방향을 바꿔야 한다. 모든 방향전환에는 연료가 필요하다. 더구나 가스를 내뿜는 방향과 세기를 조금만 잘못 계산해도 예정된 궤도를 벗어나 걷잡을 수 없는 사고가 발생할 수 있다. 연료와 예산이 충분하다면야 마음껏 이리저리 돌아다니며 우주 유랑을 할 수도 있겠지만, 최대한 비용을 아껴야 하는 우주 미션에서는 작은 방향전환조차 사치다.

그래서 실제 우주 미션에서는 다른 행성이나 소행성 등 중력을 빌릴 수 있는 천체들을 환승역으로 이용한다. 이처럼 중간에 천체 곁을 지나가면서 그 중력을 빌려 방향을 꺾고 속도를 얻는 방법을 플라이 바이Fly by라고 한다. 마치 천체를 기준점으로 탐사선이 급하게 드리프트라도 하는 것처럼 경로를 틀 수 있다. 플라이 바이 항법은 엔진을 쓰지 않고도 공짜로 방향전환과 추진력을 얻을 수 있는 소위 '개이득 항법'이라고 볼 수

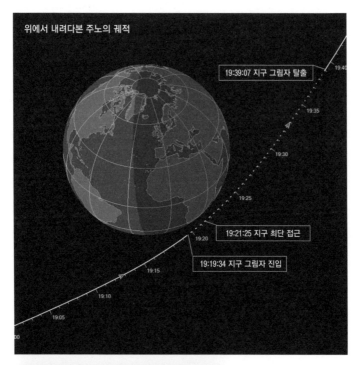

위에서 내려다본 주노의 궤적

19:39:07 지구 그림자 탈출

19:40

19:35

19:30

19:25

19:21:25 지구 최단 접근

19:20

19:19:34 지구 그림자 진입

19:15

19:10

19:05

:00

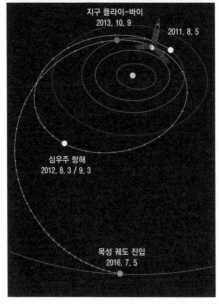

지구 플라이-바이
2013. 10. 9

2011. 8. 5

심우주 항해
2012. 8. 3 / 9. 3

목성 궤도 진입
2016. 7. 5

▲ 2011년 지구를 떠나서 2016년 목성에 도착한 주노Juno 탐사선은 2013년 10월 9일 지구 곁을 가까이 지나가면서 살짝 경로가 꺾이고 속도가 증가했다.ⓒAbovetheHeaven

◀ 지구를 떠나 목성까지 떠나는 주노 탐사선의 여정.ⓒNASA/JPL-Caltech

있다.

　우리가 살고 있는 지구도 하나의 행성으로서 중요한 환승역 역할을 한다. 인류의 모든 탐사선은 지구에서 출발하기 때문에, 모든 탐사선은 여정 초반에 지구의 중력을 빌려 속도를 조금씩 올리고 방향 각도를 잡는 플라이 바이 항법을 활용한다. 그 예로 2014년 11월 인류 최초로 행성이 아닌 혜성 표면 위에 탐사선을 착륙시켰던 로제타^{Rosetta} 미션을 따라가보자. 이 탐사선은 2004년 3월 지구를 떠났고, 초반에는 지구와 거의 비슷한 궤도 위를 움직였다. 이후 2005년 3월 다시 지구 가까이 접근해 첫 번째 지구 플라이 바이를 했다. 지구 중력에 이끌려 속도를 얻은 탐사선은 더 큰 타원 궤도를 그리며 화성 궤도까지 진입했다. 2007년 2월 화성 곁에서 플라이 바이를 하면서 다시 방향을 틀고 속도를 올렸다. 이후 같은 해 11월 또다시 지구 곁을 지나가면서 플라이 바이를 했다.

　두 번째 지구 플라이 바이를 한 로제타 탐사선은 본격적으로 화성과 지구 궤도 너머 소행성대로 진입했다. 탐사선은 행성뿐 아니라 그보다 작은 소행성도 플라이 바이 환승역으로 이용했다. 지구와 화성이 일반 환승역이라면, 소행성은 작은 간이역이라고 볼 수 있다. 빠르게 속도를 얻은 탐사선은 이후 소행성 스테인스^{Steins}에서 플라이 바이를 한 후 다시 한 번 태양계 안쪽으로 궤도를 틀어 지구와의 마지막 플라이 바이를 거쳤다. 2009년 11월 드디어 지구를 완전히 떠난 탐사선은 화성 궤도 바깥으로 날아가 소행성 루테티아^{Lutetia} 곁을 스쳐 지나갔다. 그리고 드디어 최종 목적지였던 혜성 67P 곁으로 접근해 2014년 11월 11일, 모두가 고대하던 착륙에 성공했다.

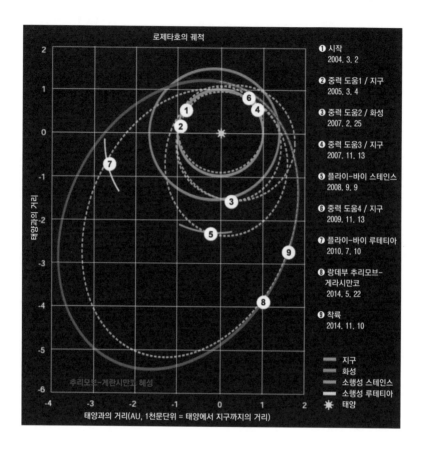

로제타호의 궤적

❶ 시작
  2004. 3. 2

❷ 중력 도움1 / 지구
  2005. 3. 4

❸ 중력 도움2 / 화성
  2007. 2. 25

❹ 중력 도움3 / 지구
  2007. 11. 13

❺ 플라이-바이 스테인스
  2008. 9. 9

❻ 중력 도움4 / 지구
  2009. 11. 13

❼ 플라이-바이 루테티아
  2010. 7. 10

❽ 랑데부 추리모브-
  게라시만코
  2014. 5. 22

❾ 착륙
  2014. 11. 10

태양과의 거리

태양과의 거리(AU, 1천문단위 = 태양에서 지구까지의 거리)

지구
화성
소행성 스테인스
소행성 루테티아
✳ 태양

로제타 탐사선은 지구에서 바로 혜성으로 가지 않았다. 중간에 지구와 화성, 작은 소행성까지 플라이바이를 활용해서 방향을 꺾고 속도를 올렸다.ⒸESA

태양계를 탈출하는 도망자들

때마침 태양계 행성들의 자리 배치가 아주 절묘해서 계속 다음 행성으로 연이어 환승을 할 수 있다면 태양계 전체를 탈출할 정도로 효과적으로 추진력을 얻을 수 있다. 말 그대로 우주의 기운이 도와주는 셈이다. 실제로 1977년 8월 보이저Voyager 2호를 발사하던 당시 태양계 바깥 행성들의 배치가 아주 절묘했다. 1979년 목성 플라이 바이를 시작으로, 1980년에 토성, 게다가 1986년에 천왕성과 1989년 해왕성까지, 그 곁을 지나가면서 플라이 바이를 계속해나갔다. 마침 목성의 중력에 이끌려 방향을 틀어 나아갔더니 그 자리에 토성이 있었고, 또 토성의 중력에 이끌려 방향을 틀어 나아갔더니 천왕성과 해왕성을 만날 수 있었다. 마치 환승역에 내리자마자 바로 건너편 승강장에 다음 열차가 기다리고 있는 것과 같은 행운이 반복된 셈이다. 우주의 기운이 가득 담긴 행성들의 이런 절묘한 배치 덕분에 보이저호(1호, 2호)는 태양계 외곽의 가스행성들을 한 번의 여행으로 모두 훑어볼 수 있는 엄청난 행운을 누릴 수 있었다.

약 40년 전 정말 운좋게 날아간 보이저호는 지금 어디에 있을까? 보이저호에는 우주 공간의 자기장 방향을 측정하는 나침반 장비가 탑재되어 있다. 태양의 영향을 받는 태양계 안쪽 영역에서는 태양 자기장을 따라 나침반이 틀어진다. 그러나 본격적으로 태양의 영향을 벗어나면서 은하계 자기장의 영향권으로 들어가면 나침반의 방향이 돌아간다. 최근 천문학자들은 보이저호의 나침반 방향을 통해 탐사선이 태양의 영향권을 벗어나고 있다는 것을 확인했다. 행성 환승역을 거쳐 빠르게 날아간

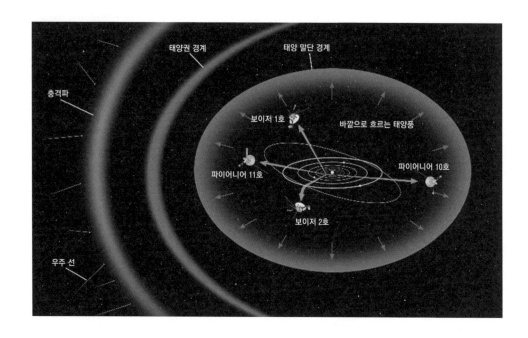

태양계를 벗어나며 은하계의 자기장 영향을 받기 시작하는 보이저1, 2호와 파이어니어10, 11호 탐사선들의 상대적인 위치.ⓒNASA/ESA

덕분에 드디어 보이저호는 은하계 인터체인지로 진입하기 시작했다. 한 편으로는 40년 전에 떠난 탐사선이 태양계 행성들의 집단협업으로 이제 겨우 태양계를 벗어난다는 사실을 통해 태양계의 거대한 크기도 실감할 수 있다. 지금 이 글을 쓰고 있는 순간에도 보이저호는 30년 전 해왕성 플라이 바이에서 얻은 마지막 추진력으로 태양계를 떠나는 중이다. 말 그대로 인터스텔라Interstellar, 성간 여행을 곧 시작하게 될 것이다.

　이러한 행성 플라이 바이 항법으로 탐사선을 태양계 바깥으로 내던지는 시도들은 여러 번 있었다. 보이저호에 앞서 1972년과 1973년에 각각 발사된 파이어니어Pioneer 10호와 11호는 화성과 목성, 토성 곁을 지나가면서 태양계를 벗어나는 중이다. 가장 최근에 태양계 외곽으로 떠난 탐사선은 최초로 명왕성을 거쳐 간 뉴호라이즌스New Horizons호 탐사선이다. 2006년 발사된 뉴호라이즌스호는 지금껏 인류가 보낸 탐사선 중 가장 빠른 속도를 자랑한다. 기존의 탐사선들이 10여 년을 날아가 목성에 다다른 것에 비해 뉴호라이즌스호는 발사 1년 만에 목성 곁을 지나는 플라이 바이를 했다.

이후 방향을 꺾고 추진력을 얻은 탐사선은 9년을 날아간 후, 2015년 드디어 명왕성의 민낯을 처음으로 담아냈다. 명왕성은 1930년 지구에서 찍은 사진 속 아주 작은 점으로 그 존재가 처음 확인된 이후 지금껏 제대로 된 사진 한 장 없었다. 뉴호라이즌스호 이전까지 봐왔던 명왕성 사진은 모두 상상도일 뿐이다. 대부분 차갑게 얼어붙은 푸른 얼음 천체일 것이라고 예상했지만, 실제 명왕성은 살구색으로 얼룩진 아이스크림 한 스쿱과 같은 모습이었다. 아쉽게도 이 탐사선은 속도가 너무 빨랐기 때문에, 명왕성에서 멈추지 못하고 계속해서 더 먼 태양계 외곽으로 날아갔다. 기껏 9년을 날아갔는데 명왕성과 조우한 건 하루도 되지 않았다. 지금 탐사선은 명왕성 너머 또 한 번의 역사적인 플라이 바이를 준비하고 있다. 몇 년 후에는 태양계 가장자리에서 맴도는 왜소행성들로 가득한 카이퍼 벨트Kuiper belt를 사상 처음으로 통과할 예정이다. 2019년 다음 간이역에서 플라이 바이를 계속 진행해 나아가면서, 탈-태양계 탐사선의 후발 주자로 그 계보를 이어갈 전망이다.

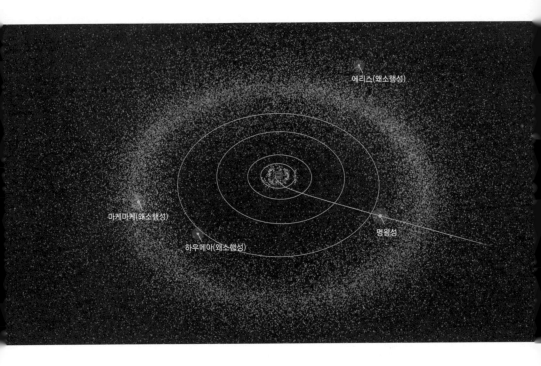

에리스(왜소행성)

마케마케(왜소행성)

하우메아(왜소행성)

명왕성

명왕성 궤도를 너머 카이퍼 벨트로 진입하고 있는 뉴호라이즌스호의 궤적. 노란색으로 표현되어
있다.ⒸNASA

지금까지 탐사선들의 플라이 바이 계보를 유의 깊게 따라왔다면,
한 가지 흥미로운 사실을 확인할 수 있을 것이다. 대부분의 탐사선의 여
정에 목성이 포함되어 있다는 점이다. 목성은 태양계 행성 중 가장 질량
이 크고 중력이 강하다. 따라서 목성 플라이 바이를 하면 방향전환과 가
속을 아주 효율적으로 할 수 있다. 그래서 목성보다 더 멀리까지 날아가
는 탐사선들은 연료를 최대한 아끼기 위해 중간에 목성은 꼭 지나가려고

한다. 목성은 모든 탐사선들이 거쳐 가는 가장 인기 많은 환승역이라 할 수 있다. 최근 노란색 분당선까지 지나가면서 서울 시내에서 가장 붐비는 거대한 환승역이 된 왕십리역의 인파 속에서 헤매다 보면, 서울 지하철의 목성이 바로 왕십리역이 아닐까 하는 생각이 들곤 한다. 지하철에 몸을 실은 승객들은 왕십리역을 거쳐 플라이 바이를 하고 다시 최종 목적지를 향해 나아간다. 탐사선들이 연료를 절약하기 위해 조금 돌아가더라도 큰 행성들을 거쳐 가는 것처럼, 우리도 조금은 귀찮더라도 신도림역이나 강남역 같은 복잡한 환승역의 중력장을 이용하는 셈이다.

꼬집힌 시공간 효과

그런데 탐사선들이 이런 개이득 환승 여행을 하는 동안 천문학자들은 쉽게 이해할 수 없는 현상을 확인했다. 플라이 바이를 거치고 난 탐사선의 속도 변화가 단순히 행성 중력의 도움만으로는 설명되지 않았던 것이다. 미세한 차이지만, 정밀함을 요구하는 우주 미션에서는 꼭 해결해야 하는 과제 중 하나다. 1990년 목성을 최종 목적지로 발사되었던 갈릴레오 Galileo 탐사선은 중간에 지구 플라이 바이를 하면서 지구 중력에 의해 얻을 수 있는 속력보다 초속 4mm를 더 얻었다. 1999년 토성을 최종 목적지로 발사되었던 카시니Cassini 탐사선의 경우는 반대로 지구 플라이 바이를 거치면서 얻은 속력이 본래 지구 중력에 의해 얻을 수 있는 것보다 초속 2mm만큼이 모자랐다. 2005년에 수성을 향해 떠났던 메신저Messenger

탐사선은 초속 0.02mm, 앞서 이야기한 혜성 착륙선 로제타호는 초속 1.82mm만큼 속력을 더 얻었다. 겨우 초속 몇mm 정도로 걱정한다고 생각할 수 있지만, 작은 차이로도 목표 행성을 코앞에서 놓칠 수 있기 때문에 이 미세한 차이는 곤란한 문제였다. 특히 원인을 정확히 알 수 없다는 점이 천문학자들을 당황스럽게 만들었다.

이런 지극히 현실적인 문제를 해결하기 위한 몇 가지 가설이 존재한다. 우선 첫 번째로 지구 주변의 자기장에 의해 탐사선이 가속 혹은 감속된다는 것이다. 두 번째는 행성에도 눈에 보이지 않지만 중력을 행사하는 미지의 암흑물질Dark Matter이 일부 존재한다는 가설이다. 하지만 이런 모호한 가설들을 제치고 시공간이 꼬집혀 있다는 흥미로운 가설이 가장 유력한 아이디어로 여겨지고 있다. 뉴턴 시대에 중력이란 힘은 단순히 질량을 가진 두 물체 사이에서 서로를 잡아당기는 보이지 않는 힘이었다. 하지만 뉴턴을 넘어 아인슈타인Albert Einstein(1879~1955)의 상대성이론 시대에 접어들면서, 천문학자들은 중력을 단순히 투명한 마법으로만 여기지 않게 되었다. 질량을 가진 물체가 우주 시공간을 움푹하게 파놓았고, 주변의 물체가 그저 그 움푹한 시공간의 경사를 따라 끌려가는 것이 중력으로 관측된다고 해석한다.

앞서 예로 들었던 깔때기처럼 안쪽으로 기울어진 사이클 트랙을 떠올려보자. 만약 사이클 선수가 열심히 속도를 내지 않고 그대로 정지해 있다면 선수는 그대로 사이클 트랙의 경사를 따라 경기장 중심으로 흘러내려간다. 그 사이클 경기장이 투명해서 보이지 않는다면, 즉 사이클 경기장이라는 휘어진 시공간을 눈으로 느낄 수 없다면, 우리는 마치 트랙 중앙에서 잡아당기는 미지의 힘에 의해 사이클 선수가 끌려간다고 착각할 수 있다. 바로 이것이 현대 천문학에서 해석하는 휘어진 시공간에서의 중력의 실체다.

지구의 중력도 마찬가지로 해석한다. 우리가 지구에 발을 디디고 서 있는 것은 사실 지구가 움푹하게 파놓은 시공간의 우물로 계속 빠져들다가 지표면에 발이 닿아 더 이상 들어갈 수 없는 것뿐이다. 그런데 중요한 것은 지구를 비롯해 중력을 행사하는 천체들은 우주 공간에 가만히 있지 않는다는 것이다. 지구는 태양 주변을 공전하고, 지구 자체도 그 중심축을 기준으로 자전하고 있다. 이불이나 보자기의 한 부분을 손가락으로 집어서 돌린다고 생각해보자. 이불이 우주의 시공간이고 손에 붙잡힌 부분이 행성의 중력에 의해 모인 시공간이라면, 그 행성 자체가 회전하고 움직이면서 그 주변의 시공간은 꼬집히고 구겨지게 된다. 이와 같은 현상이 지구를 비롯한 천체 곁에서 벌어진다고 생각할 수 있다. 물론 작은 행성은 블랙홀만큼 무겁지 않아서 시공간을 왜곡하는 정도가 아주 작다. 그래도 초속 몇 mm 수준의 영향은 줄 수 있다. 탐사선이 지구나 다른 행성 곁에서 플라이 바이를 하면서 예상치 않은 추가 추진력을 얻는 이유는, 그 일대에 꼬집힌 시공간의 주름을 따라 더 가속되기 때문일 수 있다.

실제로 꼬집힌 시공간 효과를 확인하기 위해 천문학자들은 주변 별들의 위치를 정밀하게 관측하는 우주망원경 그래비티 B$^{Gravity B}$를 올렸다. 그리고 망원경이 계속 지구 주변을 맴돌게 하면서 주변에 꼬집힌 시공간 때문에 망원경의 자세가 미세하게 틀어지는지를 확인했다. 이 망원경 안에는 자세를 제어하는 휠 장치 네 개가 들어 있고, 순전히 시공간의 굴곡을 타고 움직인다. 만약 지구 주변 시공간에 별다른 변화가 없다면 망원경 안에 들어 있는 휠 장치도 계속 망원경과 같은 자세를 유지해야 한다. 그러나 만약 지구 주변에 시공간의 변화가 있다면 내부의 휠 장치에 그 왜곡된 시공간의 변화량이 조금씩 누적될 것이다. 그러면 망원경의 자세는 약간씩 틀어지면서 처음에 바라보던 별이 시야에서 조금씩 벗어나게 된다. 시간이 지나고 확인한 그래비티 B의 자세 변화는 놀랍게도 아인슈타인의 상대성이론이 예측한 꼬집힌 시공간 이론과 비슷했다. 이는 지구가 중력으로 주변 시공간을 움푹하게 파놓았고, 동시에 자전하면서 '꼬집어놓은 시공간'의 주름을 타고 망원경이 기우뚱했다는 것을 의미한다. 탐사선들의 플라이 바이 속 작은 오차에도 아인슈타인의 상대성이론이 녹아 있는 셈이다.

화학자들은 선반 속에서 원하는 시료를 사용하고, 생물학자는 자연에서 원하는 생물 샘플을 채집할 수 있다. 하지만 우리가 살고 있는 이 우주는 워낙 거대해서 직접 원하는 다른 세계의 샘플을 채취해 실험할 수 없다. 그래서 대부분의 천문학 연구는 망원경으로 겉모습을 훑어보는 관측에 의존할 수밖에 없다. 따라서 몇 년이 걸린다고 해도 그나마 비교적 도전해볼 만한 거리에 있는 태양계 천체들은 직접 로봇을 보내고 샘플을 채취할 수 있는, 유일하게 직접 실험이 가능한 천문학의 영역이라고 볼 수 있다.

아폴로 11호 우주인이 처음으로 달 표면에 발을 디디기 전 수많은 로봇 탐사선들의 실패와 성공이 있었다. 지금은 화성에 발을 디디기 위

지구의 질량에 의해 주변에 꼬집힌 시공간을 따라 그래비티 B 위성이 움직이면서, 조금씩 위성의 방향이 틀어지는 것을 관측했다.ⓒNASA

해 훈련하는 우주인들에 앞서 수많은 화성 탐사선들이 화성의 곳곳을 살
피고 있다. 우주의 그 어느 곳이라도 인류가 직접 그곳을 방문하기 전에
항상 로봇 탐사선이 먼저 방문한다. 로봇 탐사선은 언제나 우주 탐사에
있어 인류의 선배가 되는 셈이다. 그리고 이런 여정을 가능하게 해준 것
은 바로 태양계 천체들의 중력을 빌리는 플라이 바이 항법이다.

우리가 매일 아침 출근길에 버스와 지하철을 이용하며 대중교통의
고마움을 느끼는 것처럼 이제 우주시대를 앞둔 시점에서 탐사 비용을 줄

이고 지름길을 내어주는 행성들의 고마움도 느껴야 하는 건 아닐까? 계속하여 태양계 외곽을 향해 나아갈 탐사선들의 여정을 위해 천문학자들은 우주 환승역들의 궤도를 예의 주시하고 있다. 아직 아무도 가지 못한 미지의 영역을 찾아가면서 조금이라도 비용을 절약하기 위해 다음번에도 행성들의 중력에 신세를 지려 하는 것이다.

이미 태양계 변두리를 향해 나아가고 있는 탐사선들과 그 뒤를 쫓을 후배 탐사선 모두 인류의 탐험정신과 태양계 행성들의 협업이 만들어낸 인류 지평의 증거물이다. 과거 삼국시대 왕들이 각자 전성기마다 영토 확장의 증거로 남긴 순수비처럼, 플라이 바이 항법으로 쭉쭉 뻗어나가 지금도 우주 공간을 누비고 있는 탐사선 모두가 인류의 지평을 보여주는 우주 순수비라 할 수 있다.

출근 지하철
빈 자 리 엔
어떤 행성이
올   까   ?

태양-행성 간 거리의 오묘한 숫자놀음

집을 나와 허겁지겁 지하철에 오른다. 지하철 안을 살피는 내 눈동자는 혹시라도 있을지 모를 빈자리를 찾고 있다. 곧 내릴 승객의 마음을 읽을 수 있다면 얼마나 좋을까? 만약 자리에 앉은 승객들이 지하철을 내리는 순서와 관련된 모종의 규칙이 존재한다면, 그 규칙을 이용해 간단하게 나의 지친 다리를 쉬게 할 수 있을 것이다. 그러나 지하철에 탑승하는 승객들은 특별한 이유나 규칙 없이 자리에 앉는다. 여기에는 일정한 규칙이 있다고 이야기하기 어렵다. 하지만 우주는 다르다. 지하철에서는 생각지도 못한 일이 우리가 살고 있는 태양계 행성들 사이에서 벌어질 수도 있다.

어색함을 떨치기 위한 수작

화성과 목성은 이제 우리에게 익숙한 태양계의 대표 행성이다. 하지만 약 400년 전 세상의 사람들에게는 굉장히 마음에 들지 않는 어색한 행성이었다. 태양계 안쪽 수성에서 금성, 지구, 화성까지 네 개의 행성이 태양 주변을 도는 궤도의 크기는 그리 큰 차이가 나지 않는다. 하지만 목성의 궤도는 화성에 비해 갑자기 아주 크게 늘어난다. 조화롭게 디자인된 우주를 상상했던 당시 사람들에게 화성과 목성의 궤도 사이에 갑자기 생긴 텅 빈 간극은 굉장히 어색했다. 그 간격이 마음에 들지 않았다. 한마디로 당시 사람들의 눈에 목성은 화성에 비해 너무 멀리 떨어져 있었다.

태양계 행성들의 궤도주기와 반지름 사이의 묘한 법칙을 발견했던 케플러도 화성과 목성의 어색한 '꼬라지'가 마음에 들지 않았던 모양이다. 역시 우주의 조화를 바랐던 그는 자신의 책에서 굉장히 대담한 제안을 했다.

나는 목성과 화성 사이에, 너무 작아서 볼 수 없는 행성을 하나 둔다.

Between Jupiter and Mars, I placed a new planet, which were to be invisible on account of their tiny size.

당시까지 관측되지도 않았던 가상의 행성을 굳이 끼워 넣어야 마음이 편할 정도로 그때 사람들에게 화성과 목성 사이의 간격은 유난히 넓게 느껴졌다. 케플러 이후에도 많은 천문학자들이 이 넓은 간격을 물리적으로 설명하려고 시도했지만, 그 누구도 사이다 같은 답안을 제시하지는 못했다.

그러던 1766년의 어느 날, 독일의 수학자 티티우스 Johann Daniel Titius (1729~1796)는 조심스럽게 책상 위에 종이와 펜을 꺼내놓았다. 그는 태양계 행성의 이름을 위에서부터 하나씩 순서대로 써내려갔다. 그리고 그 옆에 각 행성이 태양으로부터 떨어진 거리를 써넣었다. 태양과 지구 사이의 거리를 1이라고 할 때, 같은 비율로 다른 행성들의 궤도 반지름을 계산했다. 첫 번째 행성인 수성은 태양에서 0.4만큼 떨어져 있다. 두 번째 행성인 금성은 0.7만큼, 세 번째 행성인 우리 지구는 1만큼 떨어져 있다. 그다음 네 번째 행성 화성은 1.6 정도 떨어져 있다.

티티우스는 그 숫자들을 유심히 살펴보았다. 그리고 각 행성의 궤도 반지름 사이의 차이를 계산했다. 태양에서 금성까지의 거리 0.7은 수성까지의 거리 0.4보다 0.3 크다. 태양에서 지구까지의 거리 1은 금성까지의 거리 0.7보다 또 0.3 크다. 태양에서 화성까지의 거리 1.6은 지구까지 거리 1보다 0.3을 두 번 더한 0.6만큼 크다. 이런 수상한 숫자놀이를

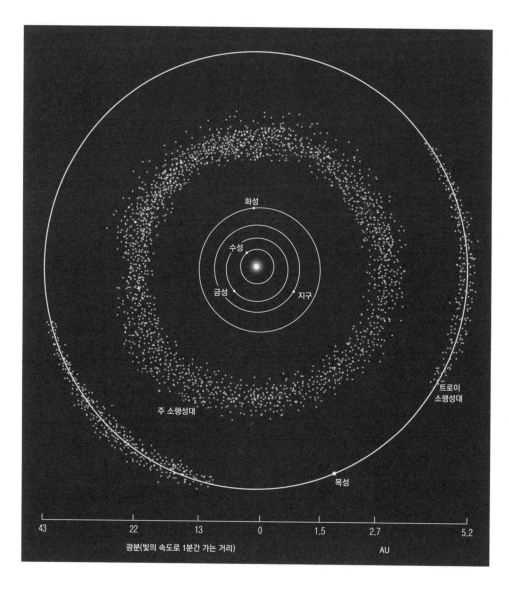

태양계 안쪽 행성들의 궤도와 비교하면 화성에서 목성으로 넘어갈 때 갑자기 궤도 사이 간격이 넓어지는 것을 볼 수 있다. 지금은 그 사이에 소행성대가 있다는 것을 알고 있다.©NASA

하던 중 그는 아주 과감한 물음을 던졌다. 혹시 행성들 사이에 있는 어떤 거대한 수학적 법칙에 따라 그 거리만큼 태양으로부터 떨어져 있는 것은 아닐까?

　　다소 어이없게 들리는 이 당돌한 발상을 전해 들은 베를린 천문대의 천문대장 보데Johann Elert Bode(1747~1826)는 이것이 매우 흥미롭다고 생각했다. 그는 더 나아가 본격적으로 티티우스의 제안을 시험해보았다. 티티우스의 숫자놀이가 화성을 넘어서 목성, 그리고 태양계 모든 행성에 아울러 적용될 수도 있지 않을까 생각했다. 이어서 그는 당시 천문학계의 오랜 숙제로 남아 있던 화성과 목성 사이의 넓은 간격에 대해서도 설명을 시도했다.

　　태양계 행성은 첫 번째 수성을 시작으로 서서히 태양에서 멀어진다. 그런데 그 거리가 일정한 규칙을 따르며, 그것을 간단히 수학적으로 표현할 수 있다면? 수성은 태양에서 0.4만큼 떨어져 있다. 금성은 0.4+0.3을 한 0.7만큼 떨어져 있다. 지구는 0.7+0.3을 한 1만큼, 화성은 1에 0.3을 두 번 더한 1.6의 거리에 떨어져 있다. 보데의 가설에 따르면 그다음 다섯 번째 행성은 목성이 아니다. 케플러가 어설프게 예측했던 것처럼 목성 전에 너무 작아서 볼 수 없는 또 다른 행성을 두고, 그 위치는 1.6에 0.3을 네 번 더한 2.8만큼 떨어져 있다고 추측했다. 그다음 여섯 번째 행성이 바로 목성이다. 목성은 2.8에 0.3을 여덟 번 더한 5.2의 거리에 정말로 존재한다. 이 계산은 이후로도 쭉 진행되었다. 목성 다음 토성은 태양에서 목성까지의 거리 5.2에 0.3을 열여섯 번 더한 10의 거리에 정말로 있다. 이런 식으로 계속해서 계산해나가면 당시 태양계 마지막 행성으로 알려졌던 토성 다음으로 또 다른 행성의 위치까지 예측할 수 있었다.

수성: 0.4
금성: 0.4 + 0.3 = 0.7
지구: 0.7 + 0.3 = 1
화성: 1 + 0.3 × 2 = 1.6
미지의 행성: 1.6 + 0.3 × 2 × 2 = 2.8
목성: 2.8 + 0.3 × 2 × 2 × 2 = 5.2
토성: 5.2 + 0.3 × 2 × 2 × 2 × 2 = 10
미지의 행성: 10 + 0.3 × 2 × 2 × 2 × 2 × 2 = 19.6

툭 던진 추측의 반란

물론 티티우스와 보데의 추측은 물리적 근거가 없는, 정말 말 그대로 숫자놀이에 불과했다. 그래서 처음에는 주목을 받지 못했다. 그러나 이 '아웃 오브 안중'이었던 숫자놀이가 학계의 뜨거운 감자로 주목받기 시작하는 사건이 연이어 터졌다. 1781년 토성 넘어 태양계 끄트머리에 숨어 있는 또 다른 행성 천왕성이 새롭게 발견되었는데, 태양에서 천왕성까지의 거리가 19.2 정도로 계산되었던 것이다. 아주 정확하지는 않았지만 앞서 티티우스와 보데가 예측했던 토성 너머 미지의 행성이 놓여 있어야 할 위치와 비슷했다.

수천 년 동안 수금지화목토 여섯 행성만 알고 있던 인류는 천왕성의 발견과 함께 이제 앞다투어 또 다른 행성을 발견해 이름을 남기기 위한 경

2015년, 돈Dawn 탐사선이 화성과 목성의 궤도 사이에서 발견된 작은 소행성 세레스를 방문해서 촬영한 모습.©NASA

쟁을 시작했다. 얼마 지나지 않은 1801년, 이탈리아의 천문학자 피아치 Giuseppe Piazzi(1746~1826)가 새로운 소식을 전했다. 이번 발견은 토성과 천왕 성보다 더 바깥에서 이루어지지 않았다. 바로 그 어색했던 목성과 화성 사 이에서 새로운 천체를 발견했다. 굉장히 작고 못생긴 거대한 바윗돌에 가 까웠던 이 작은 소행성에는 세레스Ceres라는 이름이 붙여졌다. 더욱 놀랍 게도 세레스가 발견된 위치는 오래전 티티우스와 보데가 계산한 다섯 번째 미지의 행성의 위치 2.8과 가까웠다. 화성과 목성 사이의 간격이 어색해서 임의로 다른 천체를 가정했던 케플러의 예측이 맞았던 것이다.

이렇게 되자 이 요상한 숫자놀이가 갑자기 다시 부각되었다. 다음 행성이 어디에서 발견될지를 하나도 아니고 두 개나 연속해서 예측한 셈이었기 때문이다. 오히려 과학이라기보다는 점성술에 가까운 신기한 법칙이었다. 점점 이 가설에 대한 신뢰도는 높아졌고, 많은 행성 사냥꾼들이 '법칙'이라고 불리는 이 숫자놀이에 근거해 또 다음 행성이 있을 법한 위치에서 행성을 찾아 헤맸다. 이 가설은 복잡한 물리학도 필요 없는 굉장히 매력적인 행성 사냥 가이드북이었다.

하지만 시간이 지나면서 티티우스와 보데의 입지는 다시 위태로워졌다. 천왕성보다 더 멀리서 새로운 행성인 해왕성이 발견되었는데, 그들의 예측이 맞다면 태양에서 38.8 정도 되는 거리에 있어야 했지만 실제로 해왕성의 궤도 반지름은 그보다 더 작은 30 정도로 계산되었기 때문이다. 그래도 봐줄 만한 차이라고 생각할 수 있겠지만, 이후 오랜 시간이 지나서 추가로 발견된 (한때 행성이었던) 명왕성의 거리도 티티우스와 보데의 예측에서 크게 벗어났다. 그들의 가설에 따르면 명왕성은 70이 넘는 먼 거리에 놓여 있어야 하지만, 실제로 명왕성은 훨씬 가까운 39 정도의 거리에 있다. 결국 그들의 가설은 매력을 잃어버렸다.

사실 이 가설의 가장 큰 약점은 물리적 근거가 없다는 데 있다. 중력과 같은 물리적인 자연법칙을 통해 계산해서 실제로 행성들의 거리가 이런 간단한 수학적 관계식을 따른다는 것을 증명할 수 없다. 이 예측을 제안했던 티티우스와 보데 스스로도 특별한 근거는 없었다. 그냥 보이는

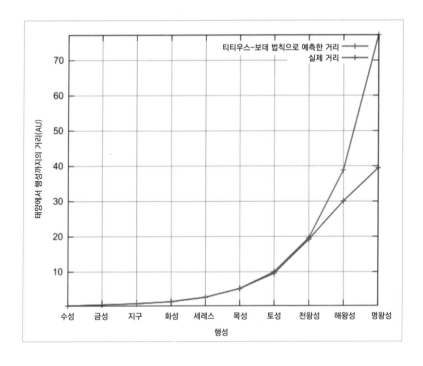

티티우스-보데 법칙으로 예상되는 태양에서 각 행성까지의 거리(빨간색)와 실제로 확인된 각 행성까지의 거리(파란색)를 비교한 것이다.

우주가 공교롭게도 그렇게 생겼을 뿐이다. 그러나 그 경험법칙마저도 우리가 알게 되는 태양계의 영역이 더 넓어지면서 삐걱거리기 시작했다. 세레스와 천왕성까지는 그래도 수긍할 만했지만, 이후 해왕성과 명왕성까지는 받아들이기 어려웠다. 결국 매력을 잃어버린 티티우스와 보데의 '법칙 아닌 법칙'은 역사 속으로 묻히면서 과거 천문학의 흑역사 또는 해프닝 정도로 취급되었다.

우연과 통찰 사이 과감한 시도

그런데 학계의 기억에서 잊혀가던 이 흑역사가 다시 호출되는 일이 발생했다. 티티우스와 보데가 과감한 예측을 세상에 공개한 지 300여 년이 지난 후, 현대의 천문학자들은 이제 우리가 살고 있는 태양계를 벗어나 다른 별 주변을 도는 외계행성을 찾고 있다. 우리 지구처럼 생명체가 살 수 있는 환경을 갖춘 행성을 찾아내겠다는 일념으로 열심히 우주를 뒤지면서 자연스럽게 새로 발견된 외계행성계의 모양새도 구색을 갖춰나가고 있다.

그러던 중 호주의 한 천문학자 그룹은 역사 속에 묻혀 있던 티티우스와 보데의 숫자놀이를 떠올렸다. 만약 두 사람의 예측이 완벽하지는 않더라도 어느 정도 의미 있는 제안이었다면, 그 법칙은 우리 태양계에만 속박되어 있을 이유가 없다. 물론 당시 티티우스와 보데는 태양계 바깥에 또 다른 외계행성들이 존재한다는 것은 몰랐다. 그러나 정말 우주를 아우르는 법칙이 되기 위해서는 외계행성에도 적용되는 테스트를 통과해야 한다. 신세대 천문학자들은 우리 태양계처럼 최소 세 개 이상 여러 행성들이 별 주변을 돌고 있는 것으로 확인된 외계행성계의 자료를 모으고 그 여러 행성들이 각자 자기 중심의 별에서 떨어진 거리를 비교했다.

그들은 68개의 별 주변에서 티티우스와 보데의 법칙을 적용해 아직 발견되지 않은 141개의 행성들이 놓여 있을 것으로 추정되는 자리를 예측했다. 만약 티티우스와 보데의 가설대로 그 자리에 실제 행성들이

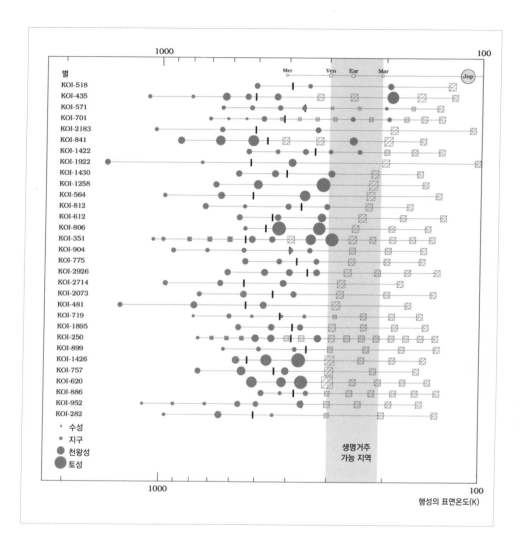

호주의 연구진들은 외계의 별 주변을 도는 행성들이 각 중심별에서 떨어진 거리를 비교했다. 확인된 행성의 위치는 파란색 원으로 표시되어 있다. 그리고 티티우스-보데 법칙을 적용해서 아직 관측되지 않은 행성들이 있을 법한 궤도를 추정했는데, 그 위치는 사각형으로 표시되어 있다.(주황색: 발견될 확률 0.5 이상, 주황 빗금: 1차 예측, 회색 빗금: 1차 예측을 통한 2차 예측)©Timothy Bovaird et al., 2015

존재한다면, 그들이 시험에 사용한 별 주변에서 평균적으로 최소 하나에서 세 개 정도 존재하는 것으로 나타났다. 중세 시대 천문학의 흑역사로 남아 있던 우연의 법칙을 이용해 과감하게도 외계행성의 위치를 추측한 것이다.

흥미롭게도 이후 관측을 통해 5개의 행성이 실제로 예측한 자리 주변에서 발견되었다. 전체 샘플에 비해서는 현저히 적지만 실제로 외계행성에서 티티우스와 보데의 가설을 따르는 행성계가 발견되었다는 것 자체만으로도 천문학자들은 흥분했다. 하지만 안타깝게도 아직 중심별 주변을 맴돌고 있는 모든 행성을 다 찾은 것이 아니기 때문에, 단순히 두세 개의 행성만 가지고 장담하기에는 무리가 있다. 만약 더 많은 외계행성 사냥을 통해 부족한 빈칸을 채워나갈 수 있다면, 실제로 화성과 목성 사이에서 소행성 세레스를 찾았던 것처럼 그 가설의 보편성이 재확인될 수도 있을 것이다. 하지만 아직은 단순히 우연일 뿐인지, 아니면 정말 행성들의 자리를 배치시키는 모종의 물리적 법칙이 존재하는지 확실히 이야기할 수 없다. 그저 공교롭게도 우주가 그렇게 생겼을 뿐이다.

만약 언젠가 대부분의 외계행성에서 티티우스와 보데의 가설이 증명된다면 어떻게 될까? 별이 태어나고 그 주변에 행성들이 어떤 위치에서 만들어지는지는 아주 중요한 과제를 던진다. 행성이 별에서 얼마나 멀리서 만들어지는지를 예측할 수만 있다면, 별에 너무 가깝지도 멀지도 않아서 딱 우리 지구처럼 적당히 미지근한 온도를 유지할 수 있는 그런 천혜의 환경을 갖추고 있을 확률을 수학적으로 추정할 수 있다. 예측값을 알고 사냥하는 것과 아무런 보충자료도 없이 우주에서 바늘을 찾

발표 당시 자신의 이론을 제대로 인정받지 못했던 지질학자 베게너(왼쪽)와 천문학자 페인.©Wikimedia

는 심정으로 사냥하는 것은 효율성에서 엄청 큰 차이가 있다. 그만큼 오묘한 매력을 갖고 있는 이 숫자놀이는 현대 천문학에서도 발목을 붙잡고 있는 아주 지긋지긋한 수수께끼 중 하나가 되었다.

과연 티티우스와 보데는 뿌듯하게 이 장면을 지켜보고 있을까? 이처럼 오래전 주류 학계에서 무시받던 이론이 시간이 지난 후 재평가를 받게 되는 경우가 많이 있다. 지금은 모두가 상식적으로 알고 있는 지진의 원리, 지구의 판이 여러 조각으로 쪼개져 움직인다는 이론을 주장했던 지질학자 베게너 Alfred Lothar Wegener(1880~1930)는 당시 미치광이 소리를 들었다. 또 태양이 뜨거운 용광로 덩어리라고 믿고 있던 주류 천문학계에서 사실 태양의 주성분이 수소와 헬륨이라고 주장했던 천문학자 페인 Cecilia Helena Payne-Gaposchkin(1900~1979)도 지도교수에게 무시를 받았고, 결국 자신의 논문에 "수치만 그럴 뿐 말도 안 되는 결과다"라는 말을 남겨야 했다.

이런 일들은 과학계에서 빈번하다. 말 그대로 티티우스와 보데는 행성 사이의 빈틈을 보고 고민하면서 학계의 틈새시장을 제대로 노린 셈일지도 모르겠다. 과연 그들이 제안했던 숫자놀이는 우연이었을까, 아니면 세대를 뛰어넘는 뛰어난 통찰이었을까? 언젠가 이 물음에 대한 답을 얻을 수는 있을까? 우리가 생각하는 것보다 우리는 이미 더 오래전부터 우주를 제대로 이해하고 있었던 것인지도 모른다. 다만 우리 스스로 자신이 없었을 뿐. 과학은 항상 이런 식이다.

때론 과학에서도 과감한 시도가 필요하다. 혹시 아는가, 지금 지친 다리로 지하철에 서 있는 나와 눈을 마주친 앞자리 승객이 다음 정거장에서 내릴 준비를 하고 있을지. 결국 바쁜 아침 시간 지하철 좌석은 저돌적이고 용감한 승객에게 빈자리를 내어주기 마련이다. 오늘 아침은 눈치 보지 말고 조금은 과감하게 낌새가 느껴지는 좌석 앞으로 다가가보는 것은 어떨까? 티티우스와 보데가 그랬던 것처럼. 어쩌면 운 좋게 곧 앉을 수 있을지도 모른다. 지금 내 앞에 앉아 있는 승객의 엉덩이가 움찔거린다.

N

우 주 의
파워블로거,
퀘이사에게
맛 집 을
소 개 하 다

우주는
아무렇게나
생겨난 게
아니다

12:30

점심식사를 하기 위해 거리에 즐비한 맛집들을 탐색한다. 그런데 꼭 내가 가려고 했던 맛집에만 사람이 유독 많은 것 같다. 가게 안 좌석에는 빈 자리가 없다. 벌써 사람들이 모여 입구 바깥까지 길게 줄이 이어져 있다. 그 모습을 보면서 조금만 더 서두를걸, 하는 후회를 할 때가 있다. 식당 주인에게 번호표를 받은 후 허기진 배를 움켜쥐고 긴 대기 행렬의 뒤를 잇는다. 마치 주말 놀이공원의 롤러코스터 대기줄처럼 아주 느리게 야금야금 짧아지는 대기 행렬. 거리마다 위치한 맛집 입구를 따라 길게 이어진 이 줄을 만약 하늘에서 내려다보면, 길게 늘어선 까만 머리의 행렬만 따라가도 음식점이 어디에 있는지, 그중 어떤 집이 더 입소문이 많이 난 맛집인지 알아볼 수 있을 것 같다. 천문학자들은 이처럼 한 줄로 길게 이어진 블랙홀들의 대기 행렬을 따라가며 우주에 숨은, 눈에 보이지 않는 우주 맛집의 위치와 음식 실력을 파악하고 있다.

우주의 과거를 생중계하다

천문학자들이 망원경으로 우주를 관측하는 이유는 멀리 있는 천체를 더 밝고 자세하게 볼 수 있기 때문이다. 멀리 떨어져 있을수록 별과 은하의 모습은 더 뿌옇게 흐려진다. 그래서 수m에 달하는 거대한 지름의 망원경 렌즈와 거울을 통해 그 어두운 빛을 오래 모아, 멀리 있는 은하와 별의 모습을 더 뚜렷하고 밝게 담아낸다. 하지만 망원경을 통한 관측에는 더 놀라운 비밀이 숨어 있다. 바로 망원경을 통해 수백 년, 수억 년 오래된 우주의 과거를 라이브로 볼 수 있다는 것이다.

1초에 지구를 일곱 바퀴 반을 도는 빛은 우주에서 가장 빠른 물질이다. 더 중요한 것은 우주 공간에서 빛의 속도가 일정하다는 것이다. 더 느리지도, 빠르지도 않게 딱 일정한 속도를 유지한다. 즉, 빛의 속도는 항상 같은 값을 유지하는 물리 상수다. 이처럼 일정한 속도를 유지하는 빛은 광활한 우주에서 거리를 잴 수 있는 역할을 한다. 지구의 망원경이나 우리 두 눈에 담기는 모든 천체의 빛은 오래전 그 천체에서 출발해 이제야 지구에 도착한 빛이다. 더 멀리 떨어진 천체일수록 그 빛이 지구에 도달하기까지 시간은 더 지체된다. 결국 더 멀리 떨어진 천체를 관측하는 것은 곧 그 거리에서 오래전에 출발해 지금 지구에 도착한 우주의 더 먼 과거 모습을 목격하는 셈이다. 더 먼 우주를 볼수록 더 오래전 과거의 모습을 되돌아볼 수 있게 하는 이러한 천문학적 효과를 룩-백 타임Look-back time 효과라고 한다.

이처럼 망원경을 통해 우주를 본다는 것은 단순히 멀리 있는 어두운 천체를 더 밝고 뚜렷하게 바라보는 것을 넘어서 살아 있는 과거, 우주의 생화석을 캐내어 관찰하는 것을 의미한다. 천문학자들에게 망원경은 과거를 되돌아보는 타임머신이 되는 셈이다. 천문학자들은 이런 원리를 이용하여 멀리 우주 끝자락에 놓인 고대 은하들의 모습을 라이브로 목격하고 싶어 한다. 그런데 여기에는 한 가지 큰 한계가 있다. 더 멀리 떨어진 천체일수록 그만큼 지구에 도달하는 빛이 더 어두워진다는 것이다. 그리 오래되지 않은 비교적 가까운 우주를 보면 밝은 별에서 어두운 별에 이르기까지 밝기 범위가 넓은 우주를 관측할 수 있다. 하지만 더 먼 우주를 보려고 하면 할수록 어두운 별의 빛을 보기가 어렵다. 결국 망원경에 담기는 먼 과거의 우주에서는 선택적으로 밝은 천체들만 식별할 수 있다.

이 같은 관측적 편견Observation bias은 천문학자들이 우주의 역사를 오해하게 만들 수 있다. 상대적으로 먼 우주에서는 밝고 강한 천체들만 관측되기 때문에, 과거에는 우주에 밝은 천체만 존재했다고 오해할 수 있다. 그런 해석을 그대로 따라가면, 과거 우주가 갓 만들어진 초기에는 밝고 거대한 은하들만 있었지만 시간이 지나면서 현재에 이르러 더 작고 어두운 은하들이 새롭게 만들어져왔다고 추측하게 된다. 하지만 우리는 분명 과거의 우주에서 미처 발견되지 못한 채 어둠 속에 숨어 있는 어두운 천체들의 존재 가능성을 간과해서는 안 된다. 안타깝게도 현란한 입간판과 네온사인 사이에 파묻힌 과거의 우주, 구석에 숨어 있는 진짜 맛집은 관측하기 어렵다. 그렇다면 우선은 그나마 볼 수 있는 밝고 현란한 입간판이라도 살펴보는 것이 순서다.

이게 별이야, 은하야

1950년대에 접어들면서 본격적으로 눈에 보이는 가시광Visible light 대역을 벗어나 훨씬 파장이 긴 전파 영역을 관측하는 분야가 자리 잡기 시작했다. 전파 천문학자들은 유리와 렌즈가 아닌 거대한 접시 안테나로 하늘을 바라본다. 1960년, 천문학자들은 전파 천문대를 통해 아주 독특한 푸른 별을 발견했다. 이 별은 아주 먼 거리에 놓여 있지만, 그 거리를 감안하면 보통의 은하가 수십에서 수백 개 모여 있는 정도로 무척 밝았다. 하지만 관측되는 모습은 은하들처럼 펑퍼짐하게 퍼진 형태가 아니라 아주 땅땅하게 뭉쳐 있는 점광원의 형태였다. 천문학자들은 이런 천체를 가리켜 마치 별처럼 보이는 천체라는 뜻에서 준항성체Quasi-Stellar object 또는 퀘이사Quasar라고 부른다.

허블 우주 망원경으로 촬영한 25억 광년 떨어진 대표적인 퀘이사 3C274. 퀘이사는 아주 강력한 에너지를 내뿜는 은하지만 마치 별처럼 작은 점광원으로 보인다. ©ESA/Hubble Team/NASA

이처럼 아주 먼 거리에서 밝게 빛나는 전파 광원 퀘이사를 설명할 수 있는 가장 유력한 가설은, 아주 멀리 놓인 은하의 중심에서 막대한 양의 물질을 집어삼키며 아주 강한 에너지를 토해내고 있는 블랙홀의 영향이라는 것이다. 공교롭게도 우리에게서 그리 멀지 않은 가까운 우주 안에서는 이처럼 아주 강력한 블랙홀이 발견되지 않는다. 지금껏 발견된 가장 가까운 퀘이사도 무려 10억 광년 거리에 놓여 있으며, 대부분의 퀘이사는 100억 광년 정도 되는 먼 거리에서만 발견된다. 위에서 언급한 관측적 편견은 먼 거리에서 발견되지 않는 어두운 천체들의 부재만 설명한다. 따라서 아주 밝은데도 불구하고 가까이서는 발견되지 않는 퀘이사의 부재는 관측적 편견이 아니라, 실제로 가까운 우주에 없다는 것을 의미한다.

밀도가 높아서 은하와 은하 사이에 충돌이 잦았던 우주 초기에는 훨씬 더 거대하고 무거운 강력한 블랙홀들이 퀘이사로 발전할 수 있었다. 그러나 우주가 훨씬 더 크게 팽창하면서 은하들의 충돌도 줄어들었고, 최근의 우주에서는 퀘이사가 만들어지기 어려워졌다. 이처럼 실제로 이 퀘이사들이 아주 강한 에너지를 한껏 토해내고 있는 초거대 블랙홀의 신호라면, 이들을 통해 아주 먼 초창기의 앳된 우주의 모습을 엿볼 수 있을 것이라 기대할 수 있다. 워낙에 강하고 밝게 빛나고 있어, 아주 멀리 떨어진 퀘이사도 비교적 분명하게 관측할 수 있기 때문이다. 천문학자들은 이러한 우주 초기의 현란하고 밝은 퀘이사 입간판을 통해 그 초기의 역사를 추적한다.

빅뱅 이후 지금까지 130억 년간 우주가 팽창하면서, 우주에 산재해 있던 가스와 물질들이 서로의 중력에 의해 가까워지고 반죽되면서 곳곳에 새로운 은하가 만들어졌다. 물론 간단하게 생각하면 우주 초창기에 물질들이 무작위적으로 분포했을 것이고, 동시에 우주 곳곳에서 무작위하게 물질의 수축과 은하의 형성이 비슷하게 일어났을 것이라고 볼 수 있다. 마치 해변가에 분포하는 모래처럼 이곳저곳에 딱히 별다른 규칙성 없이 은하들이 분포할 것이라 기대할 수 있다. 그런데 2014년 천문학자 데미엔 휴츠메커스Demien Hutsmekers 연구팀은 거대 망원경VLT, Very Large Telescope 관측을 통해 아주 흥미로운 퀘이사들의 특징을 발견했다. 그들이 관측한 93개의 퀘이사들은 우주 공간에 무작위하게 놓여 있지 않았다. 마치 맛집 입구에서부터 길게 늘어진 손님들의 대기 행렬처럼 여러 가닥의 퀘이사 행렬이 발견되었다.

퀘이사들의 분포 자체뿐 아니라 빠르게 회전하고 있는 퀘이사들의 중심 회전축도 비슷한 방향성을 갖고 있었다. 은하단 하나를 훌쩍 넘는 거대한 스케일에서 이러한 퀘이사들의 배열 상태는 무작위하게 진화하는 우주로는 설명하기 어렵다. 그렇다고 퀘이사들이 서로 연락을 주고받았을 리 없고, 애초에 서로의 존재를 감지하고 있을 리도 없다. 서로 수십억 광년 거리를 두고 떨어진 퀘이사들 사이에서 텔레파시라도 통한 것일까? 이들의 독특한 배열 상태에 대한 설명은 이들이 태어날 때부터 이렇게 배열되면서 형성되었다고 추측하는 것이 가장 타당하다. 특히 퀘이사는 아주 먼 우주 초기의 모습을 보여주기 때문에, 이 발견은 오래전부터 퀘이사들이 이렇게 배열되며 형성되었음을 의미한다.

이후 2016년, 우주 초기에 블랙홀들이 한 줄로 나란하게 줄지어 형성되었음을 보여주는 더 강력한 증거가 추가로 발견되었다. 남아프리

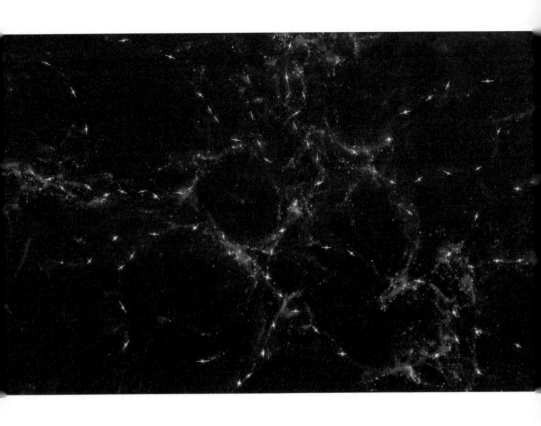

2014년 3월 22~26일, 칠레에 위치한 유럽남방천문대 ESO의 거대망원경 VLT로 사자자리 주변에서 관측한 퀘이사들의 모습. 수십억 광년 거리로 뻗어서 분포하는 지금껏 우주에서 발견된 가장 거대한 규모의 배열 구조.ⓒESO

카공화국 케이프타운의 천문학자 테일러A. R. Talyor가 이끄는 연구팀은 인도에 위치한 거대한 전파망원경을 통해 블랙홀의 위치 분포를 확인했다. 은하 중심의 거대한 블랙홀은 막대한 양의 질량을 집어삼키며, 그 중심 회전축을 따라 위아래로 강한 용트림을 토해내고 있다. 이러한 에너

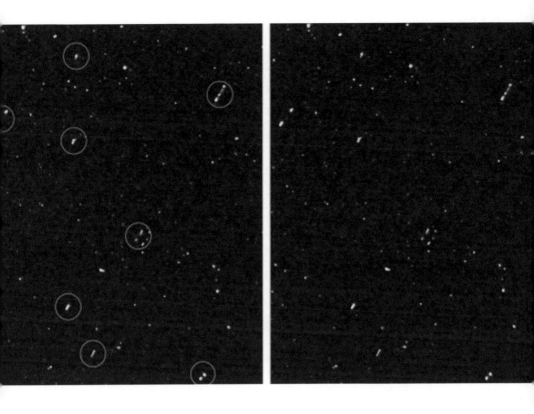

2011~2013년 용자리 부근 하늘 1도 크기 영역에 분포하는 먼 은하 중심의 초거대 질량 블랙홀들의 제트 방향. 단순히 블랙홀의 위치뿐 아니라 위아래로 에너지가 새어나오는 중심축 역시 특정한 방향(/)으로 배열되어 있다.ⒸA. R. Taylor & P. Jagannathan

지 분출을 블랙홀 제트Black hole jet라고 부른다. 연구팀은 단순히 블랙홀들의 위치뿐 아니라 블랙홀 제트의 분포도 확인했다. 놀랍게도 그들이 관측한 19개의 블랙홀 제트는 서로 수십억 광년 거리를 두고 떨어져 있는데도 비슷한 방향을 따라 이어져 있었다. 사실 이 발견은 아주 우연히 찾아왔다. 당시 관측의 본래 목적은 지금까지 관측된 가장 어두운 퀘이사를 측정해 앞으로 사용하게 될 더 거대한 전파망원경의 성능을 확인하고 조정하는 기준으로 삼기 위한 시범 관측이었다. 그런데 블랙홀을 관측하는 과정에서 에너지를 내뿜는 제트의 방향성을 운 좋게 발견한 것이었다. 뜻밖의 행운 덕분에 블랙홀이 속삭이던 비밀이 하나 더 밝혀졌다. 우주 초기의 블랙홀, 그리고 그 주변의 은하들은 아무렇게 막 만들어진 것이 아니었다는 것이다.

우주는 제멋대로 생기지 않았다

초기 우주에 흩어져 있던 여러 물질들은 수축하는 과정에서 마치 낚시 그물망처럼 길게 얼기설기 가닥을 잡아가기 시작했다. 실제로 우주 공간에 분포하는 은하들의 지도를 그려보면 단순히 여기저기 드문드문 위치해 있지 않다. 은하들은 마치 그물처럼 얽힌 가닥을 따라 걸려 있는 듯한 모습을 하고 있다. 이처럼 우주의 거대 구조에서 은하들이 길게 이어진 가닥을 필라멘트Filament라고 한다. 그물처럼 얽힌 은하들의 연결고리 사이에는 마치 그물에 난 구멍처럼 텅 빈 공허한 공간들도 있다. 은하가 없는 이 거대한 텅 빈 공간을 보이드Void라고 한다. 지금까지 관측된 우주의 모습은 마치 방울방울 피어난 비누거품들의 뭉치와도 비슷하다. 비누거품 속의 빈 공간은 보이드다. 그리고 비누거품이 서로 맞붙어 겹쳐 있는 가닥과 단면에 비눗물이 고이는 것처럼 은하들이 모여 있는 셈이다.

비누거품 속 텅 빈 부분을 우주의 보이드, 비누 거품이 서로 맞붙어 있는 막을 은하들이 이어져 있는
행렬이라고 볼 수 있다.

　　최근 천문학자들이 관측한 퀘이사들의 배열 상태는 이러한 모양을
가진 우주의 특징이 우주 초기부터 이미 시작되고 있었음을 암시한다.
빅뱅 직후부터 우주에 분포하는 물질들은 균질하게 모여들지 않았다. 모
여드는 물질들은 선호하는 지역과 선호하지 않는 지역이 있었다. 물질들
이 더 많이 선호하면서, 우주 공간에 필라멘트 형태로 점차 골격이 만들
어졌다. 반면 선호하지 않았던 지역은 물질들이 마치 모두 도망이라도
가는 것처럼 거대한 보이드, 빈 공간이 되었다. 사람과 사람을 건너 입소

우주의
파라볼릭,
퀘이사에서
물질,
맛집,
소개하다

문이 나면서 맛집이 알려지고 점차 그 주변에 손님들의 행렬이 길게 늘어서는 것처럼, 분명 이렇게 우주가 생겨먹게 된 이유가 있었을 것이다. 마치 우주 초기 모여들었던 물질들의 세계에도 우주 맛집에 대한 입소문이 불고 있었던 것처럼.

우주에서 물질들을 끌어당기는 힘은 바로 중력이다. 따라서 현재 우주의 골격을 다지기 위해 과거 물질들을 지금과 같은 거대 구조를 만들 수 있도록 모아준 중력체의 역할이 있었다고 예측할 수 있다. 어떤 지역은 중력이 강해서 그 주변으로 가스와 물질이 모이면서 은하를 만들었고, 상대적으로 중력이 약한 지역에서는 물질이 잘 모이지 않으면서 보이드를 형성했다. 눈에는 보이지 않지만 분명 우주 곳곳에 이런 거대한 설계 작업에 동원된 중력체가 존재해야 한다. 천문학자들은 그 정체를 바로 암흑물질이라고 한다. 말 그대로 암흑, 눈에는 보이지 않지만 거대한 중력을 행사하는 물질을 의미한다. 지난 130억 년 동안 암흑물질을 통해 우주 각 지역에 대해 좋고 나쁜 입소문이 퍼졌고, 그 때문에 물질이 모이거나 모이지 않는, 일종의 호불호가 생겨났다. 우리의 눈에 보이지는 않지만, 분명 은하들 사이에서 통하는 모종의 입소문, 중력을 통해 오고 가는 입소문이 있었던 것이리라.

이런 우주의 초기 진화 역사를 제대로 해석하기 위해서는 우주 초기에 암흑물질이 어디에 얼마나 있었는지 그 분포를 파악해야 한다. 하지만 아직까지는 컴퓨터 속 가상의 우주를 만드는 시뮬레이션 연구로 대리만족할 수밖에 없다. 천문학자들은 N-체 실험N-body Simulation이라고 불리는 이러한 컴퓨터 계산을 통해 마치 그물처럼 얽혀가는 우주의 진화를

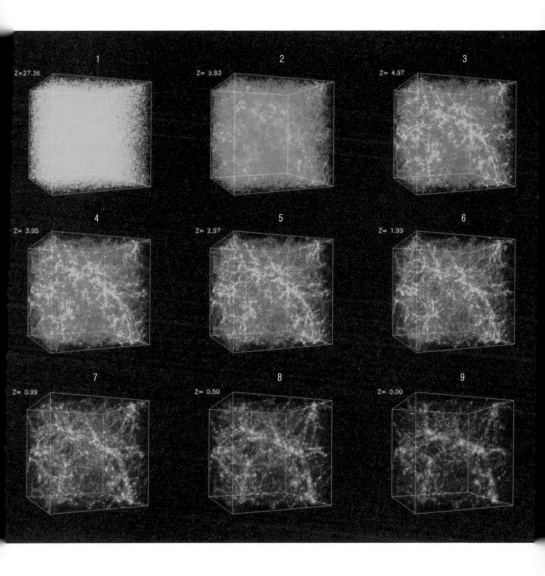

우주 초기 거의 균질하고 무작위하게 분포하던 물질들이 서서히 암흑물질의 도움을 받아 가닥을 갖추고 모이게 된다. 그 과정을 컴퓨터 시뮬레이션으로 재현하는 연구가 많이 진행되고 있다. 1→9 순서로 시간이 흘러간다.ⒸUniversity of Chicago

재현해냈다. 우주 초창기에 분포했던 암흑물질들은 서로 강한 중력으로 끌어당긴다. 주변에 비해 조금 더 밀도가 높았던 부분은 주변의 물질을 조금 더 세게 잡아당기고, 상대적으로 초기에 밀도가 조금 낮았던 부분은 주변의 물질을 끌어당기는 힘이 조금 약하다. 따라서 초기에 밀도가 높았던 지역을 중심으로 조금씩 물질이 더 모이게 된다. 이러한 과정이 반복되면서 처음부터 밀도가 조금 높았던 지역은 더 빠르게 밀도가 증가하고, 주변의 물질을 끌어당기는 입소문은 더 빠르게 번져나간다. 그 결과 우주에 퍼져 있는 물질들에는 중력이 강하고 낮은, 맛있는 곳과 맛없는 곳이라는 일종의 선호도가 생긴다. 밀도가 더 높아서 맛있는 곳으로 소문난 주변 지역을 따라 물질이 더 모여드는 모습을 우리는 우주에 흩어져 있는 가까운 은하와 퀘이사의 분포를 통해 확인할 수 있다. 반면 초기에 운 나쁘게 밀도가 낮아서 맛없는 곳으로 낙인찍힌 지역은 은하들이 없는, 텅 빈 보이드로 남게 되었다. 암흑물질은 우주에 분포하는 물질들에게 맛집을 소개하고 그쪽으로 더 몰리게 만드는 파워블로거 역할을 한 셈이다. 그들이 우주에 남긴 한줄평은 효과가 강력했다.

지난 130억 년의 긴 시간 동안 아이디 '암흑물질'이라는 익명의 파워블로거들이 중력이라는 형태로 우주에 입소문을 퍼뜨렸다. 순진한 가스와 먼지 입자들은 그들을 믿고 곳곳에 모여들었다. 우주 전역에 퍼져 있는 암흑물질들의 보이지 않는 손, 지금도 우주의 시장경제는 이들에게 지배당하고 있다. 그들은 지금 이 순간에도 멀리서 우리를 끌어당기고 있다. 눈을 감고 그들의 중력을 피부로 느껴보자. 암흑물질이 모여 퍼뜨린 중력 입소문을 따라 조금씩 끌려가고 있는 것이 느껴지는가? 이제 다시 눈을 뜨자. 참 오래 기다렸다. 맛집 입구 행렬의 앞줄이 모두 빠지고 이제 드디어 내 차례다.

셀카에 숨어 있는 천문학자의 욕망

더 멀리
더 선명한
우주를
보고 싶다!

13:30

맛집에서 한 컷, 오랜만에 만난 친구들과 인증

샷도 한 컷. 오고 가는 셀카 속에서 따뜻한 온정

과 허세를 나눈다. 이제는 필름 한 통을 다 써버

릴까 걱정하지 않아도 되고, 굳이 비싼 대포 망

원경을 어깨춤에 메고 다닐 필요도 없다. 주머니

속에 쏙 들어가는 작은 크기의 스마트폰으로도 충분히 선

명하게 사진을 찍을 수 있고, 심지어 실물보다 더 예쁘게 보

정도 할 수 있다. 유원지에 가면 허공을 누비며 행인들의 발

걸음을 방해하는 셀카봉을 어렵지 않게 볼 수 있다. 이미 세

계 곳곳이 셀카 공화국이 된 지 오래. 이처럼 작은 사진 앵

글 안에 아름다운 세상을 고스란히 담고자 하는 욕망, 나아

가 실제보다 더 아름답게 '뽀샵'을 하고자 하는 욕망은 밤하

늘의 희미한 별빛을 더 밝고 선명하게 담고 싶어 하는 천문

학자들의 욕망과 닮아 있다. 우정을 인증하는 스마트폰 인

증샷을 보며 지금의 그 광학기술을 일구어낸 오래전 천문학

자들의 쉼 없는 도전을 떠올려본다.

거, 관측하기 딱 좋은 날씨네!

우리는 숨을 쉬고 시원한 바람을 즐긴다. 이는 모두 지표면을 에워싸고 있는 두꺼운 대기층 덕분이다. 그러나 이런 대기는 정작 천문학자들에게는 큰 불청객이다. 지상에서 관측하는 모든 별빛은 무조건 지구 대기권을 통과한다. 진공 상태의 우주에서 빽빽한 대기 분자로 가득한 지구 대기권을 통과하면서 모든 별빛은 속도가 느려지고 방향이 굴절된다. 게다가 지구 대기는 균질하지도 않고, 곳곳의 밀도가 계속 변화한다. 멀리서 불어오는 바람에 의해 대기에는 휘몰아치는 난류가 발생하고, 구름을 만드는 습도의 작은 변화도 대기권을 통과하는 별빛의 경로에 미세한 변화를 일으킨다. 특히 희미한 별빛을 조금이라도 더 밝고 선명하게 담기 위해 망원경에서 필름에 해당하는 검출기Detector를 오래 열어놓고 별빛을 쭉 받아내는 장노출Long-exposure 관측을 하게 되면 이러한 대기의 부작용은 더 치명적이다. 윤동주의 시구처럼, 정말 말 그대로 바람에 별빛이 스치우는 셈이다. 그의 시에서는 아주 감성적인 표현이었지만, 천문대에서 밤을 지새우는 천문학자들에게는 그것이 그대로 현실이다.

사람의 망막과 시신경은 한 번 눈으로 들어온 빛을 따로 모아두지 못한다. 반면 망원경의 검출기는 한 번 들어온 빛을 잃지 않고 차곡차곡 모아놓을 수 있다. 우리의 눈이 바닥이 뚫린 바가지라면, 망원경의 검출기는 바닥이 막혀 있는 거대한 빛 바가지라고 볼 수 있다. 실시간으로 요동치는 지구 대기권을 통과하면서 별빛의 경로는 계속 미세하게 바뀐다. 만약 이렇게 흔들리는 빛을 검출기에 하나씩 모은다면 원래는 한자리에 계속 모여야 할 별빛의 상이, 그 언저리에서 흔들리고 돌아다니게 된다. 그 형상이 누적되면 작은 점이 아니라 둥글고 뿌옇게 퍼진 모습이 된다. 화살을 화살로 다시 쪼개는 윌리엄 텔과 같은 명사수라면 과녁의 정중앙에만 작은 구멍이 남을 것이다. 그러나 보통의 경우 화살이 날아가는 동안 옆에서 계속 바람이 불면서 경로를 휘게 만든다면 어떻게 될까? 과녁의 정중앙 주변 언저리에 조금씩 경로가 틀어진 화살들이 박히면서 너덜너덜한 자국이 남을 것이다.

원래 별은 점광원이다. 그러나 실제로 망원경에 맺히는 별의 모습은 작은 점 하나가 아닌 펑퍼짐한 얼룩으로 보인다. 이렇게 검출기 위에 별빛이 맺히는 모습을 착점분포함수PSF, Point spread function라고 한다. 지구 대기권이 없다면 지상 망원경 검출기에 맺히는 모습은 거의 점에 가깝겠지만, 그사이 별빛의 경로를 흔드는 대기의 영향 때문에 부하게 퍼진 착점분포함수를 갖게 된다. 이처럼 부하게 퍼진 정도를 시상Seeing이라고 하며, 시상을 기준으로 관측하기 좋은 날씨인지 아닌지를 판단한다. 시상이

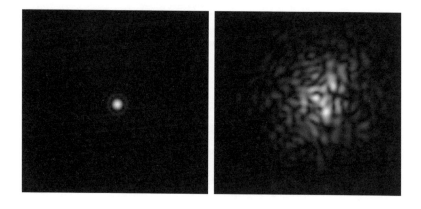

하늘의 시상이 좋을 때 선명하게 점광원으로 보이는 별(왼쪽)과 시상이 나쁠 때 대기의 난류에 의해 일그러지는 별빛의 모습(오른쪽). ⓒNASA

크다는 것은 대기 상태가 좋지 않아서 더 뭉뚱그려진 착점분포함수가 맺히는 것을 의미한다. 반대로 시상이 작을수록 난류가 적고 대기 상태가 좋아서 더 선명한 점광원에 가까운 모습으로 별을 볼 수 있다. 습도가 적고 바람이 조금 부는 시상이 좋은 날이 바로 관측하기 좋은 날이다.

내가 진짜 치사해서 우주로 간다

지표면을 가득 덮고 있는 대기권은 별빛의 시상을 크게 만들어 더 흐릿하고 뿌옇게 보이게 한다는 것 말고도 또 다른 문제를 안겨준다. 지구 약 $20km$ 높이에는 오존 성분이 두껍게 층을 이루는 오존층Ozone layer이 있다.

이 오존 분자들은 우주에서 쏟아지는 해로운 자외선을 차단해 우리의 피부와 눈을 보호해주는 지구 선크림의 역할을 한다. 또 지구 대기권에 많이 포함되어 있는 수증기는 지구에서 올라오는 열기, 적외선의 유출을 막고, 또 우주에서 쏟아지는 적외선을 중간에서 흡수하면서 지구가 너무 뜨거워지거나 차가워지지 않도록 하는 단열재 역할을 한다. 모두 지구 위에서 살아가는 우리가 해로운 빛의 위협을 받지 않도록 해주는 고마운 존재이다. 그러나 땅 위에서 다양한 종류의 빛으로 우주를 보고 싶어 하는 천문학자들에게는 그것이 장점이 아닌 단점으로 작용한다.

우리가 귀로 들을 수 있는 음역대의 주파수는 가청 주파수라는 특정한 범위로 제한되어 있다. 곤충이나 낼 수 있는 아주 낮은 주파수나 돌고래가 듣는 아주 높은 주파수의 소리를 우리는 듣지 못한다. 덕분에 자연이 내는 온갖 소음공해로 고생하지 않아도 된다. 귀와 마찬가지로 눈도 이러한 자체 필터링 기능을 갖고 있다. 우리 태양처럼 표면 온도가 6000K 정도 되는 미지근한 별에서는 대부분의 에너지가 가시광선 영역에서 나온다. 물론 자외선, 적외선, 그리고 그보다 훨씬 에너지가 높고 파장이 짧은 감마선, 엑스선도 함께 나오지만 대부분은 지구 대기권을 통과하지 못한다. 지상에 살고 있는 우리는 대기권의 보호 덕분에 (혹은 탓에) 태양이 내보내는 빛 중 가시광선만 주로 받으면서 살고 있다. 그런 하늘 아래 수억 년을 진화한 우리들은 지구의 땅까지 무사히 도달할 수 있는 가시광선만 잘 보고 느낄 수 있도록 진화했다. 가청 주파수 영역 밖의 소리를 들을 수 없는 것처럼, 가시광선보다 파장이 긴 적외선, 전파, 파장이 짧은 자외선, 감마선도 볼 수 없다. 이처럼 주로 가시광선 영역의 빛만 통과시키고 다른 파장의 빛은 차단하면서, 마치 지구 대기권 목전에서 빛줄기의 수질관리를 하는 듯한 이 효과를 대기의 창Atmospheirc window이라고 한다.

결국 천문학자들은 시상을 흐리게 하고 다양한 종류의 빛을 차단하는 지구 대기권의 방해에서 벗어나기 위해 망원경을 아예 대기권 위로 올리는 우주망원경Space telescope 방식을 선호한다. 우주망원경으로 가시광선을 관측하면 지상에서보다 더 좋은 시상으로 별빛을 볼 수 있다. 가장 먼저 활동을 시작한 허블 우주망원경HST, Hubble Space Telescope은 아무것도 없는 줄 알았던 작고 까만 하늘 영역에서 숨어 있던 수만 개의 은하들을 새롭게 확인했다. 허블 심우주 관측Hubble Deep Field이라고 하는 이 프로젝트를 통해 천문학자들은 관측 가능한 우주 끝자락을 보고 우주의 앳된 시절을 담아냈다.

이처럼 우주에서 관측을 하면 지구 대기권에 차단되지 않은 자외선, 적외선, 그리고 더 강한 감마선과 엑스선까지 다양한 파장을 볼 수 있는 다중파장Multi-wavelength 관측이 가능하다. 허블 우주망원경도 가시광선보다 살짝 파장이 긴 근자외선까지 관측할 수 있다. 한국의 연세대학교와 NASA가 함께 참여해 2013년까지 활동했던 갈렉스GALEX는 최초로 우리은하 바깥 다른 은하들의 모습을 자외선으로 담았다. 자외선은 아주 강한 에너지를 내며 새로운 별이 태어나는 영역에서 두드러진다. 그래서 은하의 가장 어리고 파릇파릇한 모습을 확인할 수 있다. 가시광선보다 파장이 긴 적외선 관측으로는 스피처Spitzer가 유명하다. 적외선은 보통 밝은 별의 주변을 둘러싸고 있는 먼지구름이 열을 받아 달궈지면서 내는

달보다 더 작은 아주 좁은 깜깜한 우주를 쭉 바라본 결과, 허블 우주망원경은 굉장히 많은 은하들이 먼 우주에 숨어 있다는 것을 확인했다.ⒸNASA

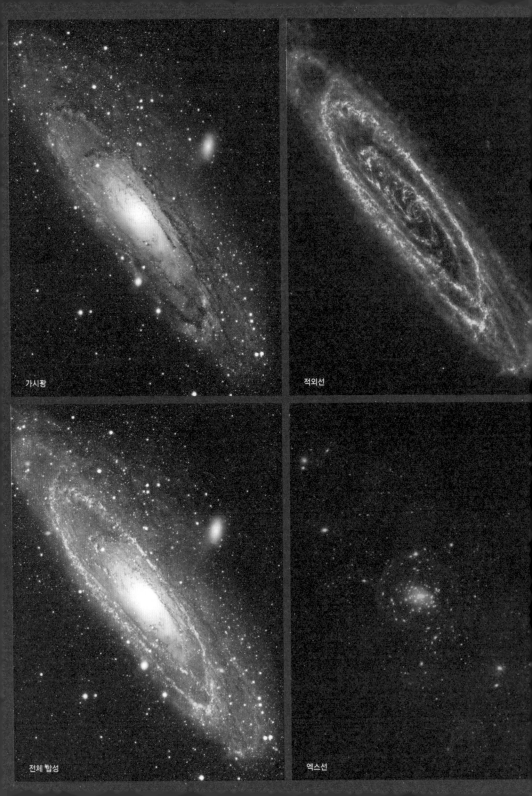

가시광

적외선

전체 탐성

엑스선

다양한 파장의 빛으로
안드로메다 은하를 관측한
모습. 다중파장 관측은
같은 천체를 바라봐도
전혀 다른 새로운 모습을
보여준다. ©(적외선) ESA/
Herschel/PACS/SPIRE,
(엑스선) ESA/XMM-Newton/
EPIC/MPE, (가시광) HST/STScl-
JPL Caltech

적외선 & 엑스선

빛이다. 따라서 스피처를 통해 우주를 담으면 먼지 때문에 어둠 속에 가려져 있던 우주의 모습을 투시하듯 꿰뚫어볼 수 있다. 특히 적외선의 경우 열을 가진 모든 물체, 심지어 컴퓨터가 돌아가는 망원경의 몸체에서도 새어나오기 때문에, 망원경의 몸체를 액체 질소 같은 냉각제를 통해 극저온으로 냉각시켜주어야 한다. 더 파장이 짧은 감마선과 엑스선은 더 강한 에너지를 내는 은하 중심 블랙홀의 흔적을 더 직접적으로 추적할 수 있게 한다. 이처럼 똑같은 천체를 다양한 파장으로 바라보면, 변극을 하는 중국 무용수처럼 계속 새로운 모습을 감상할 수 있다.

소설 속 상상의 기술이 현실이 되다

이처럼 지구 대기권 바깥에서 우주를 바라보는 우주망원경은 천체 관측의 질을 비약적으로 높여주었지만, 망원경 하나를 우주에 올리기 위해서 드는 비용도 무시하기는 어렵다. 굳이 우주에 올라가지 않아도 그에 버금가는 좋은 관측을 할 수는 없을까? 1970년 폴 앤더슨Paul Anderson(1926~2001)이 출간한 SF소설《타우 제로Tau Zero》에 그와 비슷한 고민이 등장한다. 이 소설은 지구에서 33광년 떨어진 처녀자리 베타성까지 여행하는 원정대의 이야기를 담고 있다. 소설에서는 별빛의 시상을 나쁘게 하는 대기의 영향을 줄이기 위해 실시간으로 대기 상태를 모니터링하면서 보정하는 관측기술이 등장한다. 마치 디지털 카메라의 작은 센서로 미세한 흔들림을 계속 보정하는 손떨림방지 기능을 사용하는 것처

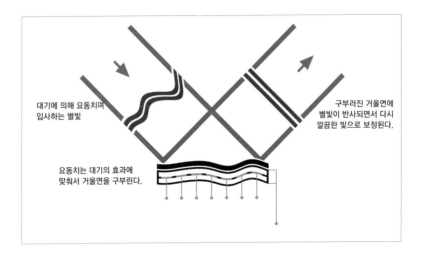

대기에 의해 요동치며
입사하는 별빛

구부러진 거울면에
별빛이 반사되면서 다시
깔끔한 빛으로 보정된다.

요동치는 대기의 효과에
맞춰서 거울면을 구부린다.

대기보정기술 원리. ©wikimedia

럼, 대기의 영향을 실시간으로 보정할 수 있다면 우주망원경에 드는 비용을 아낄 수 있다. 오래전 소설 속에서나 등장했던 이 기술이 지금은 실제 천문학 현장에서 폭넓게 사용되고 있다.

1970년대 후반 냉전체제가 한창이던 시절, 미군은 소련의 인공위성을 추적하기 위해 대기의 영향을 최소화하는 정밀한 관측기술을 개발하고 있었다. 이때 바로 앤더슨의 소설에 등장했던 실시간 대기보정기술이 만들어졌다. 우선 대기의 일렁임에 흔들리는 별빛을 보정하기 위해서는 '바람에 스치우는' 정도를 실시간으로 계산해야 한다. 천문학자들은 아주 강한 노란색 나트륨 레이저를 하늘에 쏴서 일종의 인공별을 만들수 있다. 고도 90km 정도의 높은 하늘까지 닿는 나트륨 레이저는 대기권

상층부에 반사되고, 하늘을 스크린 삼아 상이 맺히면서 가짜 별처럼 보인다. 실험실에서 측정한 나트륨 레이저의 편평한 빛의 성질을 알고 있기 때문에, 그 빛이 대기권에 올라가 다시 반사되어 망원경으로 돌아왔을 때 얼마나 바람에 '스치우는지'를 비교할 수 있다. 이렇게 측정한 대기의 울림 정도에 맞추어 별빛을 받는 망원경의 거울면을 실시간으로 울퉁불퉁하게 만들면, 마지막에 검출기에 도달하는 별빛의 모습을 다시 편평하게 보정할 수 있다. 이렇게 하늘에 딱 맞춰주는 안성맞춤 보정기술은 실시간으로 하늘에 적응해간다는 뜻에서 적응광학 Adaptive optics이라 부른다. 크기가 큰 주경 거울 대신 크기가 작아서 거울면을 휘기 쉬운 부경 거울에서 이 기술을 사용한다. 과녁을 향해 날아간 화살이 중간에서 부는 바람에 의해 경로가 휘어질 때, 과녁 자체를 조금씩 구부려서 제대로 명중할 수 있도록 맞춰주는 셈이다.

하지만 실제로 기계를 다루는 현장에서는 고려해야 할 요인이 아주 많다. 하늘의 방해를 보정하고 나면 거대한 망원경 자체의 덩치로 인한 문제가 남는다. 현대 천문학에서 사용하는 수m급의 거대한 망원경은 아주 무겁다. 그래서 망원경의 고개를 틀어 원하는 각도의 방향을 올려다볼 때 망원경 자체의 하중 때문에 거울이 기울고 휘어진다. 또 바람이 아주 세게 부는 고산지대에 설치된 망원경의 몸체가 흔들리는 경우도 있다. 이 경우에도 천문학자들은 적응광학과 비슷하게, 실시간으로 거울이 무게에 의해 찌그러지는 정도를 측정해서 거울면을 다시 반질반질하게 만드는 보정작업을 진행한다. 망원경의 거대한 주경 뒤에 아주 많은 피스톤과 스프링을 연결해서, 그 장치를 올리고 내리며 거울 면을 반질반질하게 지탱한다. 이 기술은 하중의 효과에 대해 망원경 스스로 견뎌 낸다는 뜻에서 능동광학 Active optics이라 부른다. 현대 천문학에서 많은 활약을 하고 있는 하와이나 칠레 고산지대에 위치한 거대 망원경 대부분은 능동광학과 적응광학 기술을 모두 사용한다. 우주까지 올라가는 기회비용을 줄이고 지상에서 더욱 선명하고 깨끗한 별의 시상을 얻고 싶은 천문학자들의 사진에 대한 욕망 덕분에 다양한 방법으로 '우주급 뽀샵질' 기술이 탄생한 것이다.

관측의 폼을 바꾸다

이처럼 보정기술이 적용된 지상 관측이 완전히 대기권 바깥을 나가서 관측하는 우주망원경에 비해서 정말 큰 장점이 있을까, 하는 의문이 들 수 있다. 우주망원경은 크기가 크지 않은 로켓의 화물칸에 탑재해야 하기 때문에, 만들 수 있는 거울의 크기가 제한된다. 현재 우주에 올라가 있는 허블 우주망원경 거울의 지름은 2.4m 정도다. 이 정도만 해도 우주에 올라가는 화물치고는 아주 큰 크기이기 때문에, 당시 큰 화물을 실어 나를 수 있는 우주 왕복선으로 궤도에 올렸다.

1990년 처음 지구 궤도에 진입한 후 곧 30년을 바라보게 되는 허블은 가용수명이 거의 끝나가고 있다. 허블 우주망원경은 지상 560km 높이에서 거의 90분에 한 바퀴씩 지구 주변을 맴돌고 있다. 공교롭게도 허블 우주망원경이 처음 우주에 올라가고 나서 보내온 첫 번째 사진은 뿌

현대의 대형 망원경들은 대부분 하늘 높이
나트륨 레이저를 발사해서 대기의 효과를
보정하는 적응광학을 사용한다. ⓒNASA

옇고 흐린 모습이었다. 이를 본 천문학자들은 크게 당황했다. 원인은 허블의 거울을 제작하던 연구진의 실수로 거울의 곡률을 잘못 계산했기 때문이었고, 그 결과 초점이 맺지지 못한 것이었다. 그나마 불행 중 다행으로 허블 우주망원경은 그리 높지 않은 궤도를 돌고 있기 때문에 우주인들이 직접 우주 왕복선을 타고 올라가서 보정렌즈를 삽입하는 대수술을 진행할 수 있었다. 덕분에 지금은 다행히 인류 역사상 가장 정밀하고 먼 우주를 내다보는 레전드급 망원경으로 활발히 활동하고 있다. 하지만 결국 가용수명이 다 끝나가는 허블 우주망원경은 다른 인공위성과 마찬가지로 곧 지구 대기권에서 추락하면서 하얗게 불타는 최후를 맞게 될 것이다. 그 역사적 가치가 높기 때문에 허블 우주망원경을 회수해서 박물관에 보관해야 한다는 의견도 있었지만, 아쉽게도 지금은 모든 우주왕복선이 퇴역했고 더 이상 띄우지 않기 때문에 허블 우주망원경도 대기권 속으로 추락할 운명을 따라갈 예정이다.

허블의 뜨거운 은퇴식 날짜가 다가오면서 천문학자들은 그다음 배턴을 이어받을 차세대 우주망원경을 개발 중이다. 그의 뒤를 잇는 제임스 웹 우주망원경JWST, James Webb Space Telescope은 허블보다 훨씬 더 큰 지름 $6.5m$짜리 반사거울을 사용한다. 금으로 코팅된 거대한 베릴륨 거울은 가시광선보다는 주로 적외선 빛을 효율적으로 반사한다. 머지않아 제임스 웹 우주망원경이 우주에 올라가면 허블 우주망원경으로도 볼 수 없었던 더 깊은 우주 초기의 모습, 게다가 가까운 별 주변을 맴도는 외계행성을 자세히 관측할 수 있다. 워낙 크기 때문에 그대로 우주에 올라가지는 못하고 발사체 안에 잘 접어서 궤도에 올린 후 우주 공간에서 펼쳐지도록 할 것이다. 악몽 같은 끔찍한 상상이지만, 만약 불의의 사고로 연습했던 것과 달리 망원경이 잘 펴지지 않거나 문제가 발생한다면 어떻게 될까? 안타깝게도 제임스웹 우주망원경은 허블 우주망원경과 달리 지구의 낮은 궤도가 아니라, 지구 뒤로 달보다 더 먼 150만km 거리에 위치하기 때문에, 문제가 발생해도 고치러 갈 수 없다. 그저 지구에서 슬퍼할 수밖에 없는 것이다.

이처럼 지구 대기권 바깥에서 관측하는 우주망원경은 지상에서 볼 수 없는 다양한 파장을 볼 수 있고 좋은 시상을 얻을 수 있는 장점이 있지만, 우주에 올라가는 기회비용이 크고, 큰 크기로 인해 만들기가 힘들며, 고장 나면 그대로 우주 쓰레기가 되어버린다는 큰 단점이 있다. 그에 비해서 적응광학과 능동광학 기술은 지상에서도 우주망원경 못지않은 좋은 관측을 할 수 있게 해준다. 현존하는 가장 거대한 지상의 광학 망원경은 하와이 마우나케아 산꼭대기에 세워진 쌍둥이 켁 망원경Keck Telescope1&2이다. 이 망원경들은 모두 앞서 설명한 적응광학과 능동광학을 사용해 성능을 최대로 끌어올렸다. 여기서 만족하지 못한 천문학자들은 더 큰 지상 망원경을 계속해서 구상하고 있다. 미국과 호주, 브라질, 그리고 우리나라가 함께 참여하는 거대 마젤란 망원경GMT, Giant Magellan Telescope 프로젝트는 그 주경 거울의 크기만 25m에 달하며, 가까운 미래인 2025년경 완공을 목표로 하고 있다. 조만간 우리나라가 세계에서 가장 거대한 망원경에 지분을 갖고 있는 나라로 이름을 올릴 수 있다. GMT의 디자인을 보면 허블 우주망원경보다 무려 열 배나 더 세밀한 관측이 가능할 것으로 기대된다. 땅과 하늘에서의 관측기술이 서로 겨루는 시대

현재 칠레에 건설 중인 GMT의 상상도. ⓒNASA

가 머지않은 것이다.

　　사진 기술이 발명되기 전까지 인류는 주로 손으로 그림을 그리는
회화의 형태로 멋진 풍경이나 얼굴을 남겼다. 하지만 내 얼굴의 초상화
를 남길 수 있는 사람은 실력 좋은 화가를 고용할 여유가 있는 귀족뿐이
었다. 이후 더욱 간편하게 필름에 빛을 모아 얼굴을 종이에 남기는 사진

술이 발명되면서, 초상화를 남기는 비용이 저렴해졌고 사진 문화가 더 퍼질 수 있었다. 셔터만 누르고 필름에 빛을 모으면 비싸게 화가를 고용하지 않아도 쉽게 얼굴 초상화를 남길 수 있게 되었다. 천문학에서는 필름 시대를 넘어, 빛을 검출기에 받아 그 빛에너지를 전자로 기록하는 디지털 검출기가 개발되었다. 그 기술이 일반 카메라에 적용되면서 이제는 사진관에서 인화할 때까지 기다리는 수고도 필요 없는 시대가 되었다. 사진을 찍은 직후 메뉴 버튼을 눌러서 방금 찍은 사진을 모니터로 확인할 수 있다. 이제 사진술은 손떨림 보정, 어두운 야경촬영 모드 등 다양한 보정기술과 함께, 디지털 검출기도 소형화하면서 스마트폰 어플리케이션이라는 새로운 모습으로 우리 손안에 들어왔다. 이제 누구나 초상화를 아름답게 남기고 자랑할 수 있는 시대가 되었다.

어쩌면 인류 역사에서 얼굴을 사진으로 남기고자 하는 욕망은 이미 오래전부터 이어져온 것인지도 모른다. 그 욕망이 지금까지 사진술이 발전할 수 있도록 해주는 원동력은 아니었을까? 그러한 욕망의 바탕에는 희미하게 잘 보이지 않는 별과 은하를 아름답게 담고 싶었던 천문학자들의 욕망도 함께 녹아 있다. 실물보다 더 예쁜 모습을 하고 있는 '프사기'(사기급 프로필 사진)는 사실 나의 스마트폰 속에 숨어 있는 여러 천문학자들이 땀이라고 할 수 있다. 우리는 더 예쁜 초상화를 욕망한다. 그리고 동시에 더 예쁘고 선명한 밤하늘을 욕망한다.

자전거를 타고
은하단 외곽의
바   람   을
느 껴 보 라

사람의
운명과
우주의
세월

15:00 자전거를 타고 한강 산책로를 달린다. 빠르게 달릴수록 얼굴 앞을 때리는 바람의 세기, 머리를 뒤로 흩날리는 바람의 세기를 느낄 수 있다. 사실 엄밀히 이야기하면 정면에서 바람이 불어오는 것이 아니라 가만히 있는 공기 덩어리를 향해 자전거를 타고 돌진하면서 공기의 압력을 마주하는 것이다. 자동차를 타고 가면서 창문 밖으로 손바닥을 동그랗게 오므려 내밀었을 때, 그 손바닥 안으로 바람이 강하게 들어오는 듯한 느낌을 받은 적이 있을 것이다. 이처럼 바람이 불지 않아도 가만히 있는 공기 덩어리를 향해 돌진하면 얼굴이나 손바닥이 눌리는 일종의 압력을 느낀다. 이런 현상은 공기뿐 아니라 물속에서도 느껴진다. 물이 모여 있는 수영장 속으로 들어갈 때면 마치 물이 우리를 들어오지 못하게 막는 것 같은 뻑뻑한 압력을 느낀다. 이때 공기와 물처럼 유체Fluid 속으로 직접 진입하면서 느끼는 압력을 램 압력Ram pressure이라고 한다. 빠르게 달리면 옷이나 머리가 반대 방향으로 흩날리는 느낌이 드는 것 역시 램 압력에 의한 것이다. 그 압력에 의해 옷이나 머리에 붙어 있던 먼지가 불려 나갈 수도 있다. 우주 공간을 떠돌아다니는 은하도 이러한 램 압력에 의한 세척작용을 경험한다.

은하들의 수영장

마냥 공허해 보이는 우주 공간에도 실은 뜨겁고 차가운 가스물질이 곳곳에 차 있다. 별들이 수천억 개 모여 있는 은하는 우주 공간에 덩그러니 외딴 섬처럼 박혀 있지 않다. 마치 거대한 목성의 중력에 의해 주변에 작은 위성들이 떼로 몰려드는 것처럼, 강한 중력을 주고받는 은하들도 큰 은하 주변에 작은 은하들이 맴돌고 있다. 은하가 여러 개 모여서 하나의 거대한 은하 마을을 이루게 되면 그것을 은하단Galaxy cluster이라고 부른다. 우리 인류가 살고 있는 우리은하와 바로 옆에 이웃한 안드로메다는 처녀자리 은하단Virgo Cluster이라는 거대한 은하 마을의 구성원이다. 보통 외부에서 관측되는 많은 은하단의 중심에서는 아주 거대하고 둥근 타원은하Elliptical galaxy가 발견된다. 이는 빅뱅 직후부터 지금까지 은하가 만들어지고 모이는 동안, 은하단 한가운데에서는 계속 은하들이 몰려들고 서로 합체하면서 덩치를 키워왔기 때문으로 추정된다. 이렇게 은하단 중심에서 큰 덩치를 자랑하는 거대한 타원은하를 cD은하^{cD galaxy}라고 부른다. 은하단은 큰 별 덩어리인 은하들이 서로 곁을 맴돌며 계속 진화가 진행 중인 은하 세계의 번화가인 셈이다.

따라서 은하단에 분포하는 은하들의 모양을 보면 흥미로운 사실을 알 수 있다. 은하들이 바글바글 모여 있는 은하단 중심부에서는 은하들 끼리의 잦은 충돌과 합체로 인해 비교적 둥근 타원은하가 많은 반면 밀도가 낮은 은하단 외곽에는 우리은하처럼 납작한 원반은하^{Disk galaxy}들이 많다는 것이다. 은하단 외곽에서는 중심부와 달리 은하끼리의 충돌이 적기 때문이다. 그러나 은하단 변두리라고 해서 안심하기는 이르다. 은하와 은하가 직접 맞부딪치는 접촉사고가 아니더라도, 변두리에서 은하를 좀먹어가는 거센 폭풍이 불어오기 때문이다.

은하단은 단순히 은하뿐 아니라 은하와 은하 사이 빈 공간을 채우고 있는 뜨거운 가스물질로 가득하다. 가스물질 역시 은하들처럼 중력에 의해 안쪽으로 모여든다. 은하단에서 은하와 은하 사이 공간을 채우는 가스물질을 은하 간 가스물질^{IGM, Inter-galactic medium}이라고 한다. 특히 밀도가 높은 은하단 중심으로 갈수록 가스도 더 많아지고, 온도도 더 뜨거워진다. 높은 에너지로 달궈진 가스물질은 아주 강한 엑스선이나 감마선을 통해 그 흔적을 추적할 수 있다. 여름 휴가철에 놀러 가는 수영장을 떠올려보자. 수영장에는 유체인 물이 가득 담겨 있고, 그 안에 사람들이 들어간다. 마치 하나하나의 사람들 사이에 유체인 물이 가득 차 있는 것처럼, 은하단을 이루는 은하들 사이사이에 뜨거운 가스물질이 가득 퍼져 있다. 그런데 더 중요한 것은 뜨거운 가스 수영장에 빠져 있는 은하들이

둥근 타원은하는 대부분 노랗게 빛나며, 납작한 원반은하는 푸르게 빛난다. 은하가 많이 모여 있는
밀도가 높은 곳은 주로 둥근 타원은하가 모여 있고, 외곽에 밀도가 낮은 곳에 푸르고 납작한 원반은하가
조금씩 떠 있다.©NASA/ESA/Hubble Heritage Team

가만히 있지 않고 빠르게 돌아다닌다는 것이다.

　　가스구름 수영장 속 은하들은 중심의 강한 중력에 붙잡혀 빠르게
돌아다닌다. 가스의 밀도가 낮은 은하단 외곽에서는 은하가 은하 간 가
스물질 사이를 헤엄치면서 받는 압력이 강하지 않다. 그런데 점점 중력

에 의해 은하단 안쪽으로 들어가면 가스 밀도가 증가하면서 은하가 마주하는 램 압력의 크기가 커진다. 은하 간 가스물질 사이를 누비는 은하들은 은하단 안쪽으로 들어가면서 받게 되는 은하 간 가스에 의한 램 압력을 견디기 어렵다.

해파리 은하의 스트립쇼

우리은하를 비롯한 모든 은하가 지속적으로 새로운 별을 만들기 위해서는 별의 재료가 되는 차갑고 신선한 티끌과 가스구름이 은하 안에 충분히 남아 있어야 한다. 은하에 스며들어 있는 차가운 가스들이 자체 중력에 의해 모이고 수축하며 더 밀도가 높은 가스 반죽으로 뭉치게 되면서 새로운 별들이 태어나기 시작한다. 그런데 이런 차가운 가스를 머금고 있는 은하에게, 뜨거운 은하단 속을 유영하는 것은 치명적이다. 은하단 중심으로 들어갈수록 높은 밀도의 뜨거운 가스에 의해 램 압력을 강하게 받으면서 은하가 머금고 있던 차가운 가스는 날아가버린다. 마치 자전거를 탄 채로 빠르게 달리면 그 반대 방향으로 머리카락이 길게 휘날리는 것처럼, 은하가 나아가는 진행 방향의 반대로 뒤꽁무니를 따라 차가운 가스가 길게 흘러 나간다. 만약 머리 위에 모자를 헐겁게 쓰고 바람을 마주보며 질주한다면, 서서히 모자 틈 사이로 공기가 압력을 행사하면서 결국 모자가 뒤로 날아가버리는 것과 같다. 이처럼 은하단의 뜨거운 가스물질이 밀어내는 램 압력에 의해 은하가 머금고 있던 차갑고 신선한 나선은하 ESO 137-001은 뜨거운 은하 간 가스물질 속을 헤치고 사진에서 왼쪽 위를 향해 움직이고 있다. 움직이는 은하의 뒤로 램 압력에 밀려 나간 가스물질이 해파리 꼬리처럼 늘어진다. ⓒNASA/ESA

별 레시피 재료가 불려 나가는 모습을 우리는 관측할 수 있다.

　　그 대표적인 예로 약 2억2000만 광년 떨어진 무거운 은하단 Abell 3627 언저리를 가로지르면서 빠르게 부유하고 있는 나선은하 ESO 137-001을 들 수 있다. 뜨거운 은하 간 가스물질의 램 압력이 은하 속으로 거세게 몰아치면서 은하가 품고 있던 차가운 가스들이 시속 700만km나 되는 아주 빠른 속도로 흘러 나가고 있다. 은하가 움직이는 방향의 반대쪽으로 길이가 약 40만 광년이나 되는 아주 긴 가스물질 꼬리의 흔적이 관측되는 것이다. 마치 길을 걸어가면서 그 뒤로 과자 조각을 흘렸던 헨젤과 그레텔처럼 자신이 품고 있던 차가운 가스를 한 줌씩 뒤로 흘려 보내며 흔적을 남기고 있다. 다만 안타깝게도 은하는 다시 그 흔적을 따라 집으로 돌아갈 수 없다. 이처럼 납작한 원반은하의 원반 구조에 수직으로 램 압력이 가해지면서 그 뒤로 긴 가스 꼬리가 남게 되면, 마치 거대한 우주 해파리가 우주 공간을 헤엄치는 듯한 모습으로 관측된다. 이러한 은하들을 해파리 은하Jellyfish galaxy라는 별명을 붙여 분류하기도 한다. 램 압력에 의해 은하가 자기 중력으로 품고 있던 신선한 가스 옷을 벗으면서 은하단의 더 깊은 중심으로 다이빙하는 과정은 개개의 은하가 앞으로 새로운 별을 만들 수 있는 능력을 잃어가는 노화 과정이다. 결국 대부분의 가스를 벗어던지고 앙상해진 은하들은 더 이상 새로운 별을 만들지 못하게 된다. 이 과정은 마치 은하가 우주 공간에서 옷을 벗어던지는 스트립쇼와 같다는 뜻에서 '램 압력 스트리핑Ram pressure stripping'이라고 부른다. 지금도 은하들은 우주 곳곳에서는 뜨겁고 짙은 은하 간 가스 사이를 누비며 자신의 옷을 벗어던지고 있다.

까다로운 유체 속 나들이

일반적으로 둥글고 큰 타원은하에 비해 납작한 원반은하들이 신선하고 차가운 가스를 더 많이 머금고 있다. 상대적으로 외곽에 있다 보니 은하가 만들어질 때 충돌의 빈도가 적어 가스를 더 많이 보관할 수 있기 때문이다. 그래서 천문학자들은 과거 작고 납작한 원반은하 여러 개가 뭉치면서 순식간에 가스를 소진한 결과 대부분의 타원은하들이 만들어졌을 것이라고 추측한다. 실제로 은하가 모여 있는 밀도가 높은 은하단 중심부에서는 작은 은하들이 직접 충돌하면서 더 큰 은하로 합쳐지는 화려한 모습도 구경할 수 있다. 이렇게 우주에 현존하는 은하 대부분은 결국 서로 병합하거나, 혹은 혼자 은하단 공간을 떠돌아다니며 신선한 별 재료를 흘리면서 늙어간다. 하지만 아직 램 압력 스트리핑과 같은 환경적 요인이 은하의 노화에 얼마나 큰 영향을 주는지에 대해서는 많은 수수께끼가 남아 있다.

그 이유는 유체역학 자체의 난해함 때문이다. 천체현상에 대한 기존의 많은 연구는 암석 행성처럼 딱딱한 강체Rigid body 사이의 역학을 고려하면서 시작했다. 컴퓨터 속에 별들 수억 개가 모인 가상의 은하를 만드는 시뮬레이션을 진행할 때도 과거에는 빠른 계산을 위해 단순히 점질량Point mass이 여러 개 모여 있는 형태로 은하를 가정했다. 하지만 점점 적외선과 전파 관측 등 가스물질의 흔적을 추적하는 관측이 늘어나면서, 은하의 진화에서 가스가 차지하는 역할이 아주 크다는 것을 알게 되었다. 은하의 정확한 진화 과정을 밝혀내기 위해서는, 단순한 질량 덩어리

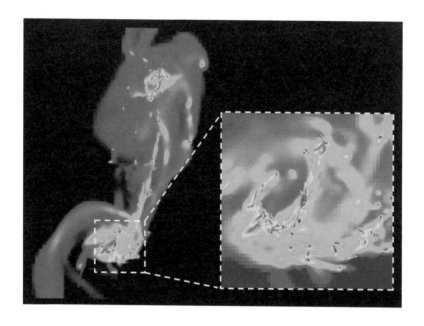

은하들이 실제 우주에서 어떻게 진화하는지를 연구하기 위해서는 복잡한 유체의 특징을 잘 재현해야한다.(색깔은 은하 형성 시뮬레이션에서 모여 있는 가스의 밀도. 붉은색일수록 빽빽하다.)ⓒCAS-Sap

가 아니라 점성이 있는 유체를 고려한 복잡한 계산을 할 필요가 있다. 하지만 유체역학을 다루는 데 필요한 여러 방정식에서 명확한 수학적 해는 없다. 대신 답을 찾기 위해 여러 방정식에 들어가는 변수를 바꿔가면서 원하는 결과에 근접한 값이 나올 때까지 반복해서 계산을 한다. 게다가 밀도와 온도가 다른 유체끼리 부딪치면 그 경계에서 굉장히 복잡한 난류Turbulent가 발생하기 때문에, 컴퓨터 속 투박한 가짜 우주에서 유체가 포함된 실제 상황을 재현한다는 것은 굉장히 어려운 일이다.

가스를 유체역학적으로 다뤄야 한다는 것을 유념하면, 위에서 소개한 램 압력 스트리핑 같은 다양한 방식으로 은하에서 신선한 가스가 사라지는 은하 버전의 침식작용을 떠올릴 수 있다. 예를 들어 은하 내부에서 살고 있던 무겁고 늙은 별 하나가 마지막 순간에 강한 초신성 폭발을 하면서 아주 큰 충격파로 주변의 신선한 가스물질을 바깥으로 날려보낼 수 있다. 또 은하 중심에서 폭풍 먹방으로 엄청난 식욕을 자랑하는 초거대 질량 블랙홀이 가끔 아주 강한 용트림을 뿜어내면서 은하의 신선한 가스가 유출될 수도 있다. 그런데 초신성이나 블랙홀에 의한 위의 두 가지 방식은 램 압력 스트리핑과는 큰 차이가 있다. 초신성과 블랙홀 모두 은하 안에 있지만, 램 압력은 은하 바깥에서 작용하는 외부의 환경적 효과다. 은하 내부의 초신성이나 블랙홀에 의한 노화는 은하 자체가 진화하면서 벌어지는 내부 진화 과정이기 때문에 그 은하의 질량, 가스물질 분포 등을 분석하면 상대적으로 쉽게 이해할 수 있다. 그러나 외부환경에 의해 영향을 받는 램 압력 스트리핑은 은하 자체의 특성뿐 아니라 주변 지역의 가스 밀도, 성분, 그리고 은하가 어떤 방향과 빠르기로 진입하는지 등 다양한 조건을 고려해야 한다.

우주에서 벌어지는 다양한 풍화 침식

가스는 가벼워서 별을 밀어낼 수 없다. 대신 다른 가스를 밀어낼 수는 있다. 은하단을 구성하는 은하와 은하 사이 공간에 뜨거운 은하 간 가스가

나선은하 NGC 4402(사진 중앙에 가로로 길고 하얗게 빛나는 원반)는 원반에 수직한 방향(위아래)으로
우주 공간을 누비고 있다. 그 결과 은하가 머금고 있던 성간 가스물질들이 새어나오면서, 마치 은하의
원반 위로 떠오르는 듯한 모습을 보인다.ⓒASA/ESA/Hubble Heritage Team

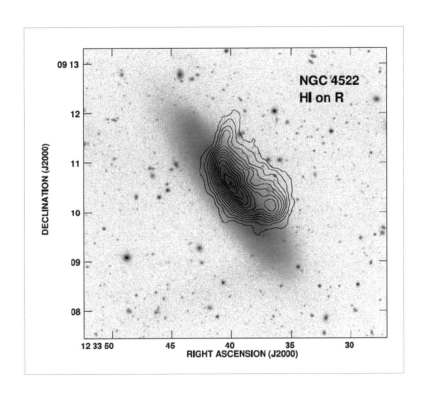

은하 NGC 4522의 별의 분포는 회색 음영으로, 가스물질의 분포는 선으로 표시되어 있다. 별과 가스의 분포가 어긋나 있는 것을 볼 수 있다.©S. Schindler & A. Diaferio, 2008

있는 것처럼, 은하를 구성하는 별과 별 사이 작은 공간에도 성간물질ISM, Interstellar medium이 채워져 있다. 별과 성간물질을 머금고 있는 은하가 은하단 속을 누비면서, 은하 간 가스가 성간물질을 밀어낸다. 은하 간 가스는 별 자체를 밀어내지는 않고 그 사이 가스물질만 밀어내는 것이다. 그러면 은하 버전의 침식작용을 받은 은하 속 별과 가스물질의 분포는 차이를 갖게 된다. 별의 분포는 눈으로 볼 수 있는 가시광 관측으로도 파악할 수 있다. 그러나 가스물질은 눈에 보이지 않는다. 대신 은하 속 가스물질 중 대부분을 차지하는 중성 수소가스에서 나오는 전파를 관측해서 가스물질의 분포를 그릴 수 있다. 실제로 램 압력을 받고 있는 많은 은하들의 가시광 관측과 전파 관측 결과를 비교해보면, 별이 분포하는 모습과 가스물질이 분포하는 모습이 틀어져 있는 것을 확인할 수 있다.

우리 인간은 나이를 먹을수록 얼굴과 몸, 그리고 마음에까지 세월의 흔적이 생긴다. 하지만 우리 몸을 이루는 세포들이 서서히 분열을 멈추고 신체의 노화가 진행되는 것을 하루 안에 실감할 수는 없다. 게다가 우리보다 규모가 큰 자연과 지구 그리고 밤하늘에 떠 있는 별과 은하들은 영원할 것 같다는 착각을 하게 된다. 하지만 우리 눈으로 체감할 수는 없지만 아주 느린 속도로 서서히 실바람과 작은 파도에 의해 절벽이 깎이고, 지구도 나이를 먹고 있다. 지난 약 45억 년의 시간 동안 지표면의 모든 지형은 그런 세월의 물살 속에서 자신의 살점과 과거를 흘려보냈다. 우주의 별, 그리고 그런 별이 수천억 개 모인 은하도 마찬가지다. 빅뱅 직후 지금까지 130억 년이라는 긴 시간 동안 은하도 나이를 먹어왔다. 뜨거운 가스 속을 헤치고 날아다니며 풍화 침식을 겪고, 서서히 생명력을 잃어간다.

　　뜨거운 은하 간 가스물질로 가득 찬 은하단 속을 자유롭게 누비는 은하들의 운동은 그 자체로 우주가 역동적인 시공간임을 보여주는 동시에, 우주의 어느 것도 영원하지 않다는 것을 말해주는 증거다. 결국 지구도, 태양도, 그리고 은하도 나이를 먹는다. 앞으로도 쭉 나이를 먹게 될 우주의 전체 역사에서 은하 하나의 삶 정도는 찰나에 불과할지도 모른다. 결국 지금 우리의 밤하늘을 수놓고 있는 은하들 대부분은 서서히 우주의 어두운 암흑 속으로 모습을 감출 것이다. 아쉽지만 하루 동안의 나들이는 잠깐일 뿐, 이제는 시원한 바람을 맞으며 지친 근육과 자전거를 끌고 돌아갈 시간이다. 다만 흙길 위에 남은 자전거 바퀴만이 즐거웠던 나들이를 기억해줄 뿐이다.

우주에서
쏟아지는
소나기에는
무 언 가
섞여 있다!

우주의
역사를
담은
뉴트리노를
찾아서

16:00

나른한 오후, 갑자기 하늘 위로 먹구름이 끼고 소나기가 쏟아진다. 미처 우산을 준비하지 못한 거리의 사람들은 편의점에서 우산을 사거나, 잠깐 처마 밑으로 숨는다. 길바닥 곳곳에 움푹 파인 웅덩이에 빗물이 모여들고, 그 위에 빗방울이 계속 떨어지며 둥근 물결을 만든다. 가로수 잎을 때리는 빗방울 소리가 마치 지글지글 전을 부치는 소리처럼 들린다. 지금 떨어지는 소나기를 보며 누군가는 파전에 막걸리를 떠올릴지 모르겠다. 하지만 나는 소나기가 올 때면 파전 대신 조금 특별한 것이 생각난다. 지금 이 순간처럼 비가 오지 않는 맑은 하늘 아래에서도 사실 우리는 우주에서 쏟아지는 엄청난 소나기를 맞고 있다.

방사능은 대체 어디서 오는 것일까?

19세기 후반 물리학자들은 우주의 모든 물질을 구성하는 가장 작은 기본입자가 무엇인지 한창 그 정체를 찾고 있었다. 영국의 물리학자 존 돌턴John Dalton(1766~1844)이 원자설을 주장하기 시작했던 19세기 초반까지 물리학자들은 원자Atom가 더 이상 쪼갤 수 없는 가장 작은 기본입자라고 생각했다. 그러나 1897년 영국의 물리학자 톰슨J.J. Thomson(1856~1940)은 실험을 통해 원자에서 전자의 존재를 확인했으며, 이후 영국의 물리학자 러더퍼드Ernest Rutherford(1871~1937)는 금속판에 알파 입자선을 발사해 산란시키는 실험을 통해 원자의 중심에 무거운 원자핵이 존재한다는 사실을 밝혀냈다. 원자핵에 모여 있는 양성자들은 전기적으로 양성(+)을, 그 주변의 전자는 전기적으로 음성(-)을 띤다. 물리학자들은 이 작은 입자들이 전기적으로 얼마나 강한 전하를 띠고 있는지 측정하고 싶었다. 전기적으로 중성을 띠던 입자들이 전자를 몇 개 잃거나 얻으면서 전기적으로 양성 혹은 음성을 띠게 되면 이온이라고 부른다.

하늘에서 내리꽂는 낙뢰 혹은 광물에서 야생의 이온 입자를 포획할 수 있는데, 이런 이온들은 강물에 녹아 있거나, 하늘을 떠다니고 있다. 마치 더 깊은 물속으로 들어가면 수압계 눈금이 올라가고, 높은 산으로 올라가면 기압계 눈금이 내려가는 것처럼, 고도와 수심에 따라서 측정되는 이온의 개수도 다를 것이라 예상됐다. 20세기에 접어들면서 물리학자들 사이에서는 땅 위에서 측정되는 많은 이온들이 대체 어디에서 기원한 것인지 논쟁이 있었다. 일부 학자들은 땅속, 지구 내부의 뜨거운 중심에서 만들어진 이온이 지표면 바깥으로 올라왔다고 주장했고, 다른 학자들은 먼 우주 공간에서 지구의 하늘로 쏟아진 것이라고 주장했다. 하늘과 땅, 어느 쪽의 의견이 맞는지 확인하기 위해 다양한 실험이 진행됐다.

1901년 물리학자 찰스 윌슨Charles Thomson Rees Wilson(1869~1959)은 만약 이온이 우주에서 쏟아지고 있다면, 산속 터널 안에서는 이온이 차단되면서 측정되는 개수가 크게 감소할 것이라고 예측했다. 그는 기차를 타고 일반 선로 위를 달릴 때와 터널 속에 들어갈 때 측정되는 이온의 수를 비교해보았다. 하지만 큰 차이는 없었다. 그는 이온이 하늘에서 쏟아지는 것이 아니라고 결론을 내렸다. 뒤이어 1909년 물리학자 테오도르 불프Theodor Wulf(1868~1946)는 조금 더 저돌적인 방법을 시도했다. 이온이 하늘이 아닌 땅속에서 지표면으로 올라온다면, 높이 올라갈수록 측정되는 이온의 수가 감소할 것이라고 생각했다. 그는 에펠탑에 직접 올라가서 이온을 측정해 지표면의 이온 수와 비교했다. 하지만 역시 큰 차이를 확인하지 못했다. 사실 불프 본인은 몰랐지만, 그의 실험은 약간 잘못되어 있었다. 거대한 방사성 철근으로 세워진 에펠탑 자체에서도 적지 않은 이온이 새어나오고 있었지만 미처 고려하지 못했던 것이다. 아무튼 그때까지는 아직 이온이 정확하게 하늘과 땅 어디에서 기원하는지 단언할 수 없었다.

하늘에서 거대하게 타오르는 태양은 지구에서 포착되는 이온 입자들의 기원으로 가장 유력한 후보였다. 태양은 중심에서 아주 뜨겁게 핵융합을 하고 있기 때문에, 강한 전하를 띠는 일부 입자들이 지상으로 새어나올 수 있다고 추측되었다. 1912년 물리학자 빅토르 헤스Victor Hess(1883~1964)는 이 태양 기원 가설을 확인하는 실험을 했다. 앞서 기차를 타고 터널을 통과하면서 했던 실험보다 더 제대로 태양을 가릴 수 있는 방법이 필요했다. 그는 달이 태양을 가려주는 개기일식을 활용하는 아주 기발한 아이디어를 떠올렸다. 곧이어 이온 측정기와 함께 열기구를 타고 높이 5km까지 올라가면서 고도에 따른 이온 개수의 변화를 측정했다. 비행을 시작한 직후 높이 1km까지는 하늘에서 측정되는 방사능의 양이 조금씩 감소했지만, 이후 더 높이 올라가면서 오히려 더 많은 이온이 측정되었다. 곧 태양이 완전히 가려지는 일식이 진행되었지만 여전히 방사능 수치는 높은 값을 유지했다. 그는 굉장히 평범한 얇은 옷을 입고 하늘에서 방사능 샤워를 맞은 셈이다. 헤스는 대담한 열기구 실험을 통해 오히려 지표면을 벗어나 높이 올라갈수록 방사능이 증가하며, 그것은 주로 태양에서 오는 것이 아니라고 결론을 내렸다. 최초로 지구 바깥, 우주 공간에서 쏟아지는 우주 선Cosmic ray의 존재를 확인한 순간이다. 이후 그는 이 용감한 실험에 대한 공로로 1936년 노벨 물리학상을 받았다.

개기일식이 진행되는 동안 하늘에서 검출되는 이온 양의 변화를
확인하기 위해 열기구에 오른 헤스. ©CERN

우주에서 전하를 띠는 입자들이 쏟아지는 것을 일반적으로 우주 소나기 Cosmic shower라고 부른다. 그중에서도 가장 독특한 우주 빗방울이 바로 뉴 트리노Neutrino다. 뉴트리노는 양성자와 전자와 달리 전기적으로 중성을 띤다. 따라서 전기력으로 다른 입자와 상호작용하지 않기 때문에 존재 자체가 쉽게 티가 나지 않는다. 원자의 중심인 원자핵에는 전기적으로 양성을 띠는 양성자와 함께 중성자Neutron가 모여 있다. 가끔 중성자는 양 성자로 바뀔 수 있는데, 이때 전기적으로 음성인 전자와 뉴트리노를 방 출한다. 이처럼 중성자가 양성자로 바뀌면서 전자와 뉴트리노를 뱉어내 는 반응을 베타붕괴Beta decay라고 한다.

이 반응에서 뉴트리노의 존재 가능성이 처음 거론되기 시작했다. 베타붕괴를 거친 원자핵의 변화를 분석해보니, 놀랍게도 반응을 하기 전 의 원자핵과 반응 후 만들어진 새로운 원자핵·전자의 질량이 서로 달랐 던 것이다. 반응 후에 질량이 조금 감소했다. 우리가 잘 알고 있는 물리학 의 기본법칙 중 하나인 질량보존법칙을 고려해보면, 분명 베타붕괴를 거 치면서 줄어든 질량의 총합을 설명하기 어렵다. 1930년 물리학자 볼프 강 파울리Wolfgang Pauli는 베타붕괴에서 그동안 알려지지 않았던 미지의 입자가 존재한다고 생각했다. 그 미지의 입자는 전기적으로 중성을 띠기 때문에 티가 나지 않는다고 추측했다. 물리학자들은 다른 입자와 소통하 지 않는 이 불통의 입자에게 전기적으로 중성을 띠는 아주 작은 입자라 는 뜻에서 뉴트리노라는 별명을 붙였다. 당시 뉴트리노의 존재를 확신하

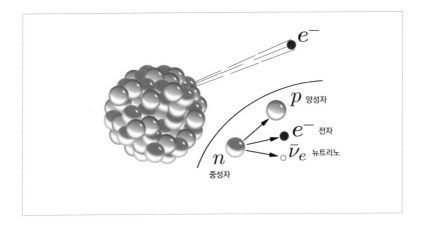

전자와 뉴트리노를 방출하면서 베타붕괴하는 양성자.ⓒwikimedia

지 못했던 파울리 스스로도 과연 그 존재를 검증할 수 있을지에 대해서는 회의적이었다.

　　지구에서 검출되는 대부분의 뉴트리노는 가벼운 원자핵이 더 무거운 원자핵으로 반죽되는 핵융합의 현장인 태양의 중심에서 만들어지고, 지하에서 벌어지는 방사성 원소들의 붕괴에 의해서도 발생한다. 전기적으로 중성을 띠고, 아주 질량이 작아서 다른 물질과 쉽게 상호작용하지 않는 이 뉴트리노 수억 개가 지금도 우리의 몸을 통과하고 있다. 뉴트리노는 다른 입자와 거의 상호작용하지 않기 때문에, 뉴트리노 입장에서는 우주가 거의 투명하게 느껴질 것이다. 우주에서 쏟아지는 보이지 않는 뉴트리노를 향해 손바닥을 펼쳐보면, 그들은 진짜 빗방울과 달리 손에 고이지 않고 그대로 뚫고 지나간다. 나아가 지표면을 뚫고 들어가 지구 반대편으로 통과해 날아간다. 직접 느끼지 못하지만 우리는 끊임없이 뉴트리노 소나기를 맞고 있는 것이다.

이렇게 우주를 투명하게 느끼는 뉴트리노를 잘 활용하면, 우리가 눈으로 볼 수 없는 우주의 뒷이야기를 전해 들을 수 있다. 우리의 눈은 가스물질이 빽빽하게 뭉쳐 있는 태양의 중심을 바로 볼 수 없다. 뭉게뭉게 모여 있는 구름 덩어리의 겉표면만 볼 수 있는 것처럼, 우리는 별의 중심이 아닌 별의 겉모습만 볼 수 있다. 우리가 보는 모든 별빛은 사실 그 별의 표면에서 날아온 정보일 뿐, 그 별의 내부 모습은 투시할 수 없다. 그런데 별의 중심에서 만들어지는 뉴트리노는 별의 껍질에 차단되지 않고 그대로 통과해서 우리 눈에 닿는다. 만약 뉴트리노를 제대로 검출할 수 있다면, 그동안 보지 못했던 별의 깊은 '속 이야기'를 엿들을 수 있다.

그런데 다른 입자와 반응하지 않는 뉴트리노를 어떻게 검출할 수 있을까? 우주에 완전범죄란 없다. 사실 뉴트리노도 아주 드물게 흔적을 남긴다. 매우 강한 에너지로 빠르게 날아가던 뉴트리노가 그 경로 앞에 있던 원자핵을 정통으로 때리면, 그 원자핵이 더 작은 입자들로 쪼개지면서 뉴트리노의 범행을 간접적으로 증명해준다. 뉴트리노라는 용의주도한 용의자를 직접 잡을 수는 없지만, 산산조각 난 원자핵의 피해현장을 우리가 확인하는 셈이다. 물론 이런 일이 일어날 확률은 아주 낮다. 그러나 셀 수 없을 만큼 여러 번 시도한다면 언젠가 한두 번쯤은 그 사건이 일어날 수 있다. 흔히 로또에 당첨될 확률이 벼락을 맞는 것보다 낮다고 하지만, 매번 내가 아닌 누군가는 당첨이 된다. 한 개인이 로또를 맞을 확률은 희박해도 매번 아주 많은 사람들이 도전하기 때문에 당첨자는 꼭 나오게 마련이다. 뉴트리노의 존재를 포착하는 것은 말 그대로 물리학에서 로또와 다름없는 행운이다. 거대한 검출기에서 쏟아지는 우주 선 소나기를 받아내면서, 언젠가는 원자핵을 부숴버릴 만큼 강한 뉴트리노가 지나가기를 기다린다. 물고기가 아닌 세월을 낚던 강태공의 마음이 바로 뉴트리노를 기다리는 물리학자의 마음이 아닐까? 어쩌면 뉴트리노 천문학은 정말 천운이 따라줘야 하는, 과학보다는 도박에 가깝다고 볼 수 있다. 기나긴 기다림을 인내하고 나면 언젠가는 뉴트리노가 걸려든다. 물론 아주 가끔이긴 하지만!

조금이나마 뉴트리노를 포착할 수 있는 경우의 수를 높이기 위해 천문학자들은 아주 거대한 검출기를 만들었다. 뉴트리노가 언제 어디서 나타날지 알 수 없기 때문에, 그것을 잡는 그물을 아주 거대하게 만든 것이다. 1996년 일본은 기푸켄岐阜県 지방에 위치한 폐광산 지하에 거대한 수조를 만들었다. 지하 $1000m$ 아래에 깊이가 $40m$나 되는 거대한 수조를 만들고 물로 가득 채웠다. 그리고 그 벽면에 1만 개가 넘는 아주 많은 검출기를 설치했다. 어쩌다 운 좋게 뉴트리노가 수조 안의 원자핵과 반응하게 되면 푸른 체렌코프 섬광Cherenkov light을 낼 것이다. 더불어 지하 깊은 곳, 어둡게 꽉 막혀 있는 수조이기 때문에, 아주 예민한 검출기들이 어둠을 밝히는 뉴트리노의 푸른 흔적을 포착할 수 있을 것이다. 이 거대한 뉴트리노 어망은 슈퍼 카미오칸데Super Kamiokande라 불린다. 이 엄청난 지하 수조에서 천문학자들은 그 드물다는 뉴트리노의 체렌코프 섬광을 수천 번 넘게 검출해냈다. 거대한 어망, 그리고 낚시꾼들의 끈질긴 집착

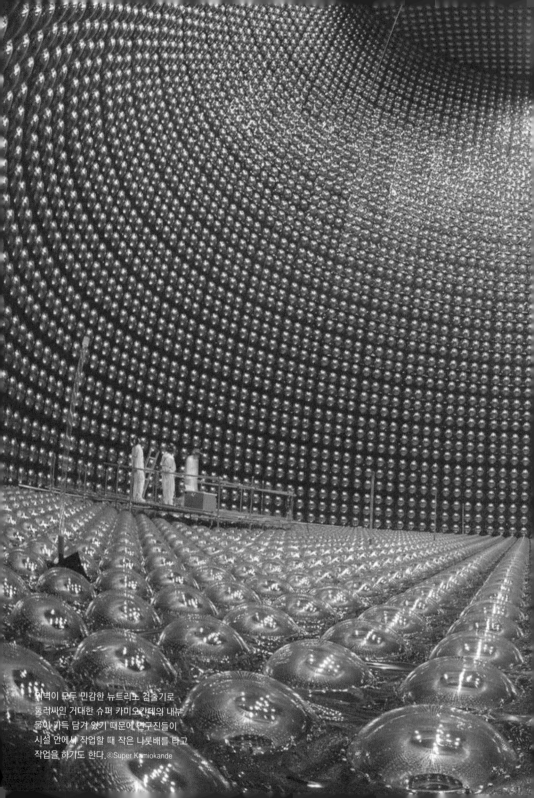

벽이 모두 민감한 뉴트리노 검출기로
둘러싸인 거대한 슈퍼 카미오칸데의 내부.
물이 가득 담겨 있기 때문에 연구진들이
시설 안에서 작업할 때 작은 나룻배를 타고
작업을 하기도 한다.©Super Kamiokande

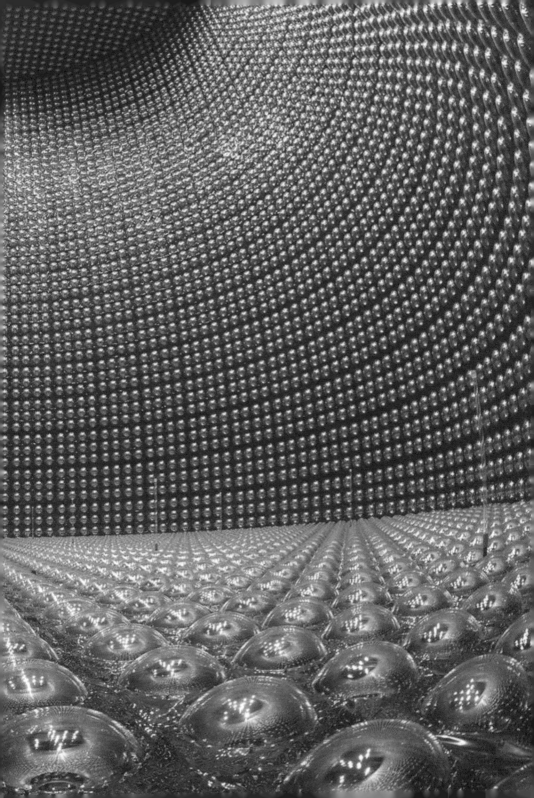

덕분에 불과 100년 전만 해도 물리학자들이 두려워했던 뉴트리노를 꽤 흔하게 검출할 수 있게 된 것이다.

　뒤이어 천문학자들은 남극의 지하, 투명한 얼음 아래에도 뉴트리노 어망을 만들었다. 지하 1400m에서 2400m 사이의 깊이에 86개의 예민한 검출기를 설치했다. 남극의 아이스 큐브 관측소IceCube Observatory의 어두운 얼음 지하 깊은 곳에 한 줄로 매달려 있는 검출기들은 그 근처를 우연히 지나가는 뉴트리노를 기다리고 있다. 2013년, 천문학자들은 남극의 이 거대한 검출기를 통해 처음으로 우리 태양계, 은하계가 아닌 멀리 다른 은하에서 날아온 아주 강력한 뉴트리노 두 개의 흔적을 포착했다. 당시 이 두 뉴트리노에게 각각 버트Bert와 어니Ernie라는 별명을 붙였다.(두 이름은 미국의 유명 어린이 프로그램인 〈세서미 스트리트Sesame street〉에 등장하는 캐릭터다. 우리나라로 치자면 발견된 두 입자에 '보니' '하니'라는 별명을 붙인 셈이다.) 당시 포착된 뉴트리노의 세기는 우리가 보통 길거리에서 맞는 소나기 빗방울에 맞먹는 수준이다. '겨우 그 정도?'라고 생각할 수 있지만, 아주 작은 아원자亞原子 수준의 입자가 셀 수 없이 많은 물 분자들이 모여 있는 빗방울에 맞먹는 수준의 에너지를 낸다는 것은 뉴트리노 입장에서는 아주 막강한 에너지라 할 수 있다. 이 정도로 강한 에너지를 품고 있는 뉴트리노는, 어쩌면 격동의 빅뱅이 있던 바로 그 순간에 튕겨져 나온 것일지도 모른다는 의혹을 받고 있다. 천문학자들은 우주가 태어나던 바로 그때의 이야기를 조금이라도 더 주워듣기 위해 지금도 초고에너지의 뉴트리노를 기다리고 있다.

우주에서 가장 격렬한 역사를 품고 있는 소나기

이렇게 뉴트리노를 포착하는 것은 단순히 어쩌다 운 좋게 입자 하나를 잡는 것 이상의 의미를 갖는다. 뉴트리노는 우주에서 어지간하면 상호작용하지 않고 계속 날아간다. 그런데 바로 그런 뉴트리노가 지구의 검출기에서 생애 첫 상호작용을 하면서 그 흔적이 붙잡히는 것이다. 만약 우주가 태어나던 빅뱅의 순간에 파생된 뉴트리노를 포착할 수 있다면 지금껏 볼 수 없었던 그 현장의 모습을 조금씩 그려나갈 수 있다. 다른 입자와 쉽게 상호작용하지 않는 우주 최강 철벽 입자 뉴트리노. 이 불통의 마스코트는 동시에 우주 최초의 모습을 유일하게 전해줄 수 있는 소통의 마스코트이기도 하다. 물론 그 마음의 문을 쉽게 열어주지는 않지만.

2012년 12월 남극의 아이스큐브 관측소에서 지금껏 포착된 것 중 가장 강력한 뉴트리노가 발견되었다. 버트와 어니에 이어서 이 뉴트리노에는 같은 〈세서미 스트리트〉 시리즈에 등장하는 가장 덩치 큰 캐릭터, 빅버드Big bird라는 별명을 붙였다. 하지만 이런 뉴트리노 검출기로는 그 입자가 정확하게 하늘 어디에서 날아왔는지 그 좌표를 집어내기는 어렵다. 아이스큐브 관측소에서는 보름달을 60개나 합한 30°(보름달은 0.5°) 정도 되는 넓은 각도의 범위 안에서 입자가 날아왔다는 정도로 대강의 범위만 추측할 수 있다. 이 때문에 처음 빅버드 뉴트리노가 기록되었을 때도 정확하게 어떤 은하에서 날아온 것인지는 밝혀지지 않았다.

그런데 빅버드는 정말 운이 좋았다. 마침 같은 해 여름, 앞서서 페르미Fermi 우주망원경이 포착했던 독특한 은하가 있었다. PKS B1424-

418이라는 이름의 은하에서는 아주 강한 감마선 폭발이 관측했다. 이러한 에너지 폭발은 아주 높은 밀도로 뭉쳐져 있는 초거대 질량 블랙홀이 막대한 질량을 폭식하고 용트림을 하면서 주변의 양성자들을 빛의 속도에 가깝게 가속시킬 때 방출할 수 있다. 중심에 이런 무시무시한 야수, 초거대 질량 블랙홀을 품고 있는 은하를 활동성 은하Active galaxy라고 한다. 블랙홀이 빨아들인 물질은 곧바로 블랙홀 속으로 소화되지 않고 그 주변을 맴도는 아주 뜨거운 먼지 원반을 형성한다. 이러한 원반을 강착 원반Accretion disk이라고 한다. 그리고 그 원반에 수직한 방향으로 블랙홀의 자기장이 뻗어 나온다. 활동성 은하의 핵 중심에서 폭식을 하는 블랙홀이 원반에 거의 수직하게 위아래로 토해내는 용트림을 블랙홀의 제트Jet라고 하는데, 만약 이런 제트가 지구를 정조준해서 직격탄으로 날아온다면 그 세기는 아주 밝게 관측될 수 있다. 실제로 일부 천문학자들 중에는 약 6500만 년 전 한 외부은하 중심에서 폭발한 제트가 지구를 향하면서 공룡이 멸종했다고 추측하기도 한다.

이렇게 거의 빛의 속도에 가깝게 가속된 양성자가 스스로 베타붕괴를 하면서 감마선과 뉴트리노를 방출할 수 있다. 한 은하에서 기록적인 감마선 폭발을 관측했고, 뒤이어 같은 해 겨울 비슷한 방향에서 기록적인 뉴트리노 빅버드의 흔적을 포착했다. 천문학자들의 계산에 따르면 우연히 이런 현상이 겹칠 확률은 겨우 5% 남짓이기 때문에, 두 현상은 어느 정도 개연성이 있다고 추측한다. 천문학자 케들러M. Kadler 연구팀은 새로운 기록을 갱신한 빅버드 뉴트리노가 사실 100억 광년 떨어진 은하 PKS B1424-418의 중심에 있는 초거대 질량 블랙홀의 흔적일 수 있다

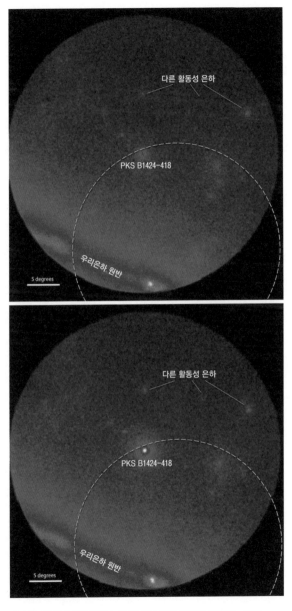

다른 활동성 은하

PKS B1424-418

우리은하 원반

5 degrees

다른 활동성 은하

PKS B1424-418

우리은하 원반

5 degrees

천문학자들이 포착한 강한 뉴트리노가 날아온 곳으로 추측되는 PKS
B1424-418의 위치.©NASA/DOE/LAT-Collaboration

고 발표했고, 이런 천운 덕분에 빅버드의 정체가 베일을 벗을 수 있었다.

　이제 빗줄기가 다시 줄어들고 날이 개고 있다. 처마 밑으로 피해 있
던 사람들도 하나둘 다시 거리로 나온다. 항상 비가 오고 나면 느껴지는
독특한 비 냄새가 있다. 나는 젖은 길거리에서 느껴지는 촉촉한 그 냄새
를 좋아한다. 우주에서 내리는 뉴트리노 소나기도 독특한 여운을 남긴
다. 한차례 퍼붓고 지나가는 소나기처럼, 지금 이 시간에도 수억 개의 뉴
트리노가 우리 몸을 관통하며 우주에서 쏟아지고 있다. 그중에는 뜨거운
태양의 중심에서 날아온 핵융합의 흔적도, 멀리 은하 중심에서 날아온
블랙홀의 흔적도 섞여 있을 것이다. 아직 검출기를 통해 공식적으로 확
인된 적은 없지만, 빅뱅 순간의 비밀 이야기를 품은 뉴트리노도 있을지
모른다. 지하의 거대한 검출기들은 마냥 앉아서 바늘이 움직이기를 기다
리는 낚시꾼처럼 하염없이 다음 뉴트리노의 소식을 기다리고 있다. 언젠
가 거대한 검출기를 통해 그들의 존재가, 그리고 그들이 출발했던 먼 우
주의 비밀이 밝혀지기를 바라면서. 보이지 않는 우주 소나기에 흠뻑 몸
을 적시며, 우리는 감각할 수 없는 교감을 시도하고 있다.

EVEN

ING

저녁

Ⅲ

저녁놀 사이로 보이는 지구의 슬픈 미래

금성은
왜
불지옥이
되었나?

가끔 저녁 시간이 되면 친구들이 방금 하늘에서 UFO를 본 것 같다며 천문학도인 나에게 검증을 바라는 메시지를 보내올 때가 있다. 나는 그런 연락을 받으면 친구들이 함께 보낸 인증샷을 확인하지 않고도 지레 그것이 UFO가 아니라 저녁 하늘에서 밝게 빛나는 금성일 것이라 확신한다. 혹시나 하는 마음에 첨부된 사진을 확인해보면 영락없는 금성이다. 금성은 지구의 하늘에서 태양과 달 다음으로 가장 밝게 보이는 천체. 그 금빛으로 빛나는 아름다운 모습 때문에 서양 문화권에서는 미의 여신 비너스Venus의 이름을 붙였다. 문자 그대로 우주에서 한 미모를 자랑하는 태양계의 여신 행성이지만, 사실 금성을 자세히 파헤쳐보면 그 안에는 아주 무시무시한 반전 매력이 있다. 금성의 실체를 벗겨보면 아름다운 미의 여신이 아닌 지옥불에서 타오르는 악마의 모습을 만날 수 있다.

두꺼운 구름 속에 숨겨진 여신의 민낯

금성은 이산화탄소 등의 온실가스로 가득한 아주 두꺼운 대기에 싸여 있다. 금성은 이로 인한 과한 온난화 때문에 황폐화된 지옥 행성이다. 그런 관점에서 이미 수억 년 전 무슨 연유에서인지 우리 지구보다 먼저 온난화를 경험한 대선배 행성이자, 우리가 계속 지금과 같은 방식으로 지구를 남용한다면 맞이하게 될 지구의 미래 모습이기도 하다. 금성은 지구보다 더 안쪽의 작은 궤도를 따라 태양 주변을 돌고 있기 때문에, 지구에서 볼 때 금성은 태양에서 멀리 벗어나지 않은 곳에서 찾을 수 있다. 그래서 옛날부터 새벽에 보이는 금성을 샛별, 그리고 저녁에 보이는 금성을 '개가 저녁밥을 기다릴 때 보인다'는 뜻에서 '개밥바라기'라는 별명으로 부르기도 한다. 금성은 아주 밝게 빛나기 때문에 밤하늘을 자주 보지 않는 사람들에게는 정말로 갑자기 못 보던 별이 하나 새로 떠 있는 것 같은 착각을 일으킨다. 실제로 보고되는 UFO 목격담의 대부분은 저녁 하늘

금성은 지구 하늘에서 달 다음으로 밝게 보이는 천체다. 사진은 초저녁 달과 함께 지평선 근처에서 보이는 금성의 모습이다.© Wikimedia / Fdecomite

붉은 노을 속에 보이는 밝은 금성이다.

두꺼운 대기로 뒤덮인 채 뽀얀 모습으로 관측되는 금성의 모습.©NASA / JPL-Caltech

지구와 금성은 모두 대개가 암석으로 이루어진 암석 행성으로, 둘의 사이즈는 거의 비슷하다. 많은 사람들이 지구의 형제 행성으로 화성을 떠올리지만, 엄밀하게 그 외모를 따져보면 지구의 절반 정도로 작은 화성보다는 금성이 더 가까운 친척이라고 할 수 있다. 망원경을 통해 맨눈으로 봤을 때 곳곳에 움푹 파인 크레이터로 울퉁불퉁한 달의 표면과 달리, 망원경으로 본 금성은 정말 여신의 피부처럼 부드럽고 뽀얀 모습을 하고 있다. 달의 경우 그 표면을 덮고 있는 대기가 거의 없기 때문에, 울퉁불퉁한 표면을 감추지 않고 있는 그대로 보여주지만 새침한 금성은 그 반대다.

지구에서 관측할 때 금성이 아주 밝은 노란빛으로 빛나는 이유는 바로 금성을 뒤덮고 있는 두꺼운 대기층 때문이다. 지구의 지표면에서 우리 머리 위를 누르는 기압은 1기압이지만, 금성의 경우 그 표면에서 느끼게 될 대기압은 무려 90기압에 달한다. 지구에서 수심 $1000m$는 들어가야 느낄 수 있는 수압과 비슷한 아주 어마어마한 압력이다. 게다가 그 대부분의 대기 성분은 이산화탄소 가스로 이루어져 있다. 흔히 우리 지구의 온도를 증가시키는 지구온난화의 주범으로 이산화탄소가 거론되는 것을 생각해보면 이해가 쉽다. 이산화탄소와 수증기를 포함하고 있는 지구의 대기는 태양빛을 받아 다시 그 받은 만큼의 에너지를 방출하는 지표면의 에너지를 감싸고 있다. 그래서 마치 추운 겨울 날씨를 버티게 해주는 온실처럼 지구의 기온을 따뜻하게 유지해준다. 그런데 갈수록 산업 개발로 인해 온실효과를 일으키는 오염물질이 늘어나면서, 더 많은 지표면의 열이 우주로 방출되지 못하고 있다. 그 결과 지구가 적당히 식지 못하고 계속 온도가 올라가는 온난화를 겪는다. 실제로 엄청나게 두꺼운 이산화탄소 대기로 뒤덮여 있는 금성은 그 온실효과가 아주 효과적으로 진행되면서 표면 온도가 460℃에 달한다. 안 그래도 지구보다 태양에 더 가까이 달라붙어 있어서 입사하는 태양 빛의 양도 더 많은데, 그 많은 에너지를 계속 머금고 있는 탓에 정말 고온 고압의 살아 있는 불지옥 행성이라 할 만하다. 진짜 지옥은 땅속 지하 세계에 있는 것이 아니라, 저 멀리 저녁 하늘에 걸려 있는 금성인지도 모른다.

철눈이 내린다 샤랄라랄라~

두꺼운 대기 속에 감춰진 금성의 민낯을 보기 위해 실제로 그 속으로 탐사선을 보내 착륙을 시도한 적이 있다. 1982년 소련의 금성 탐사선 베네라Venera 호는 금성의 짙은 대기 속으로 들어가 고온 고압의 불지옥 표면에 안착했다. 하지만 로봇 탐사선도 그 혹독한 환경을 오래 버티지 못하고, 57분이 흐른 후 결국 신호가 끊어졌다. 착륙선은 한 시간도 되지 않는 그 짧은 시간 동안 주변 지역의 사진을 보내어 짙은 구름 속에 감춰져 있던 금성 표면의 모습을 어렴풋하게 전해주었다. 하지만 베네라호는 바퀴가 없는 설계 구조상 이곳저곳을 돌아다닐 수 없었기 때문에 보내온 금성의 정보는 매우 부족했다. 이후 천문학자들은 작전을 바꿔 직접 불지옥의 구름 아래로 들어가지 않고 그 위에서 간접적으로 표면을 촬영하는 기술을 사용하기로 했다. 바로 구름을 투시해서 그 아래 숨어 있는 지형을 파악할 수 있는 레이더 관측을 하는 것이다. 이후 1990년 금성 궤도선 마젤란Magellan호를 보내어 금성 주변을 맴돌면서 레이더 지도를 완성했고, 그 표면에 숨어 있던 역동적인 금성의 역사를 발굴할 수 있었다.

레이더 관측을 통해 베일이 벗겨진 금성 표면에서는 꽤 많은 수의 운석 크레이터들이 발견되었다. 아직 풍화되지 않고 남아 있는 운석 구덩이들의 흔적은 그 지형이 상대적으로 어리다는 것을 의미한다. 기존의 태양계 형성 모델에 따르면 금성은 지구와 비슷한 시기인 약 46억 년 전에 만들어진 것으로 보인다. 마젤란의 관측자료를 바탕으로 파악된 크레이터들의 생성시기는 약 5억 년 전후로, 최소한 그 이전에 금성의 표면을 매끈하게 한 번 싹쓸이해서 새롭게 표면을 다져주는 작용이 있었을 것이라고 추측할 수 있다. 이렇게 넓은 지역을 아울러 표면을 새롭게 덮어 다져줄 수 있는 작용이라면, 마그마로 표면을 덮어주는 화산활동을 떠올릴 수 있다. 그리고 최근, 금성의 표면에서 아직까지 왕성하게 변화하고 있는 마그마의 화산활동 증거를 포착했다.

2006년부터 금성 곁을 맴돌던 유럽우주국ESA의 비너스 익스프레

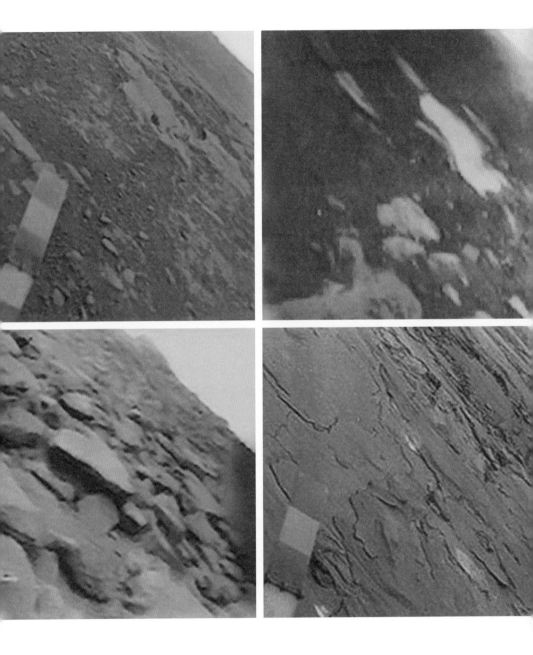

금성 표면에 착륙해 아주 짧은 시간 동안 그 모습을 전해준 베네라호의 영상.©Vernadsky Institute

스Venus Express 탐사선은 레이더로 금성 표면의 적외선 열 영상 지도를 그렸다. 특히 탐사 기간 초반에 금성의 상층 대기에서 높은 이산화황 성분을 검출했는데, 이는 지구의 화산활동에서 자주 검출되는 성분으로 금성에서 화산활동이 비교적 최근까지 일어났었다는 간접적인 증거가 된다. 이후 2008년에서 2015년까지 탐사 미션을 진행하는 동안 탐사선은 금성의 두 화산인 오자 산Ozza Mons과 마트 산Maat Mons 사이의 지각이 갈라진 틈인 가니키 카스마Ganiki Chasma 단층대 주변에서 온도가 아주 높은 열점Hot spot 네 곳을 발견했다. 다른 지각에 비해서 더 많은 열을 방출하는 열점은 그 바로 아래 뜨거운 마그마가 활발하게 활동한다는 것을 암시한다. 지구에서는 태평양 한가운데 아직도 활발하게 화산활동이 이어지면서 계속 새로운 작은 화산섬들을 줄지어 만들어내고 있는 하와이를 열점 활동의 예로 들 수 있다. 게다가 적외선 열영상으로 확인한 마그마의 분포는 매일매일 변화하며, 그 온도가 계속 오르내린다. 비너스 익스프레스를 통해 발견한, 아직도 왕성하게 변화하고 활동하는 금성 표면은 바로 아래에서 벌어지는 화산활동의 확실한 증거다. 금성은 단순히 두꺼운 이산화탄소로 뒤덮인 채 온실가스로 달궈진 정도가 아니다. 그 자체가 펄펄 끓는 용광로, 화산 행성이다.

이처럼 뜨거운 금성의 지표면에서는 말 그대로 용광로처럼 철과 금속 성분이 증발해서 대기로 올라갈 수 있는 충분한 열이 제공된다. 지구는 바닷물 표면이 증발해 수증기가 되어서 하늘로 올라가고, 그 수증기들이 응결해 구름이 되었다가 다시 비나 눈이 되어 땅으로 떨어지는 순환 시스템을 갖추고 있다. 이와 같이 금성에서도 땅과 하늘을 오고 가

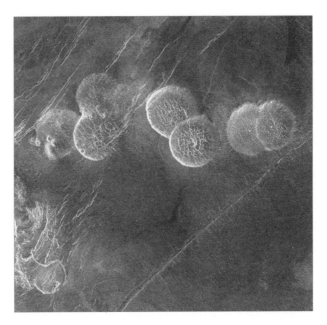

금성 표면에서 특징적으로 나타나는 팬케이크 크레이터. 과거 있었던 화산활동의
간접적인 증거가 된다.©NASA / JPL-Caltech

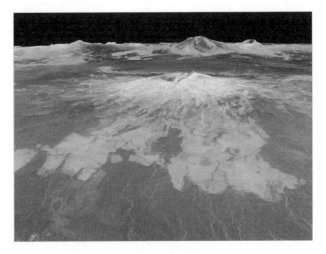

마젤란 탐사선은 두꺼운 금성의 대기에 가려진 지형을 레이더로 그려냈다.©NASA
/ JPL-Caltech

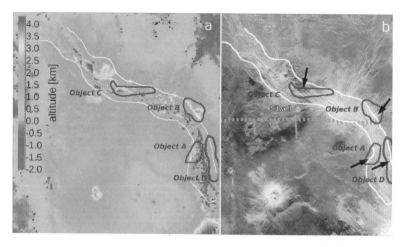

가니키 카스마 단층대에서 주변 지역보다 상대적으로 온도가 더 높은 열점 네 곳이 발견되었다.
사진에서 Object로 표시된 곳이 열점이다.©NASA / JPL-Caltech

만년철이 내리고 있는 금성에서 가장 높은 멕스웰 산.©NASA / JPL-Caltech

는 대기의 순환 시스템이 존재한다. 다만 금성의 경우, 그 주인공이 물과 수증기가 아니라 펄펄 끓어오르는 금속, 바로 철 성분이라는 점이 다를 뿐이다. 뜨거운 지표면에서 승화한 금속 성분은 상층 대기로 올라가면 구름이 응결하듯 무거운 덩어리로 응축된다. 높은 하늘에서 무거워진 금속 성분은 마치 눈처럼 금성의 지표면으로 다시 떨어진다. 금성에서 가장 높은 산꼭대기는 높이 11km의 멕스웰 산Maxwell Mons이다. 지구에서 제일 높은 8km의 에베레스트 산보다 더 높다. 금성의 높게 솟은 산꼭대기는 낮은 지표면에 비해 상대적으로 온도가 낮기 때문에 다시 금속 성분이 승화하지 않고, 그 꼭대기에 차곡차곡 쌓이게 된다. 마치 지구에서 높은 설산 지대에 만년설이 하얗게 쌓이듯이, 금성의 화산 꼭대기에는 하늘에서 떨어진 철눈이 소복하게 쌓여서 '만년철'을 이룬다. 지표면의 뜨거운 용암과 열에 의해 승화한 금속 성분은 금성의 두꺼운 대기 속 구름을 이루고, 다시 시간이 지나서 응축되어 산꼭대기나 지표면으로 눈이 되어 떨어진다. 땅에서는 마그마가 분출되고 하늘에서는 뜨거운 철눈이 떨어지는 곳, 겉보기와 다르게 정말 금성 같은 지옥이 따로 없다.

유난히 독특한 금성의 하늘

앞서 설명한 금성의 두꺼운 이산화탄소 대기권은 단순히 금성의 지표면을 지옥 같은 환경으로 바꿀 뿐 아니라, 태양계 환경에서도 금성만의 독특한 모습을 만들어낸다. 태양계의 중심별 태양은 표면 온도 6000K의

노르스름한 가스 덩어리로, 사방으로 태양풍을 뿜어내고 있다. 금성 주변을 맴돌고 있는 비너스 익스프레스호의 관측에 따르면, 태양 활동이 활발한 시기에 태양을 등지고 있는 금성 대기권의 두께가 유독 더 두껍다. 그리고 태양을 등지고 있는 금성 뒤통수의 대기권의 높이가 태양을 향하고 있는 금성의 앞쪽 대기권의 높이보다 더 높다. 천문학자들은 이 모습을 통해 태양에서 날아오는 태양풍에 의해 금성 지표면을 포장하고 있는 두꺼운 이산화탄소 대기층이 흩날리면서 꼬리를 그리는 혜성과 같은 모습을 하게 되었다고 추정한다. 비교적 태양 활동이 저조한 시기에는 태양을 등지고 있는 금성의 등짝에서 대기권의 꼬리가 길게 형성되지 않지만, 태양 활동이 활발한 극대기에는 대기권의 꼬리가 길게 그려지며 금성 곁을 맴돌고 있는 탐사선에서까지 높은 농도의 이산화탄소가 관측된다. 어쩌면 금성은 태양계에서 사이즈가 가장 거대한 혜성이라고 부를 수 있을지도 모르겠다. 다만 차갑게 얼어붙은 일반적인 혜성과 달리 뜨겁게 달아올라 있을 뿐!

금성 대기권의 또 하나 독특한 점은 바로 표면에 커다란 Y자가 새겨져 있다는 것이다. 자외선 파장 대역으로 금성을 관측해보면 금성 전역에 펼쳐진 아주 커다랗고 어두운 Y자 형태의 구조를 볼 수 있다. 처음에 천문학자들은 단순히 금성이 빠르게 자전하면서 만들어낸 무늬일 것이라고 생각했다. 자동차 핸들을 잡고 돌릴 때 중심축에 가까운 정가운데는 크게 회전하지 않지만, 손으로 잡고 있는 핸들의 가장자리는 훨씬 더 크게 회전한다. 이처럼 지구에서도 자전하는 지구의 중심축에 가까운 북극과 남극 지역에 비해 중심축에서 더 멀리 떨어진 지구의 가운데

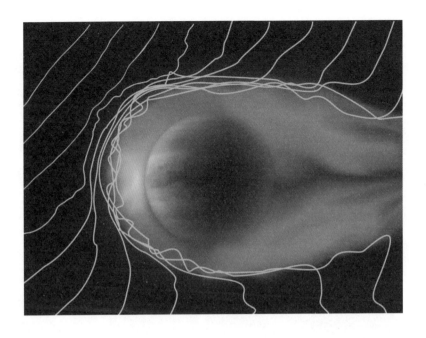

강한 태양풍에 의해 뒤로 밀려 나가는 금성의 외곽 대기층과 이온들은 마치 혜성처럼 멀리 흩어진다.
그래서 태양 반대편 쪽 금성의 대기는 훨씬 두껍고 높게 형성된다.ⓒESA

적도 일대는 더 빠르게 회전하는 듯한 효과를 얻는다. 이렇게 위도에 따
라 느끼는 자전속도의 차이 때문에, 지구 표면 위를 움직이는 물체는 북
반구에서는 오른쪽으로, 남반구에서는 왼쪽으로 힘을 받는 것처럼 방향
이 틀어진다. 이러한 가상의 힘을 코리올리 힘Corioli force이라고 부르며, 이
때문에 북반구에서는 태풍이 시계 방향으로 감기고 남반구에서는 반시
계 방향으로 감긴다. 초기에 천문학자들은 금성도 자전하면서 코리올리
효과를 겪기 때문에 그 표면에 Y자 형태로 휘어진 패턴이 그려졌을 것이

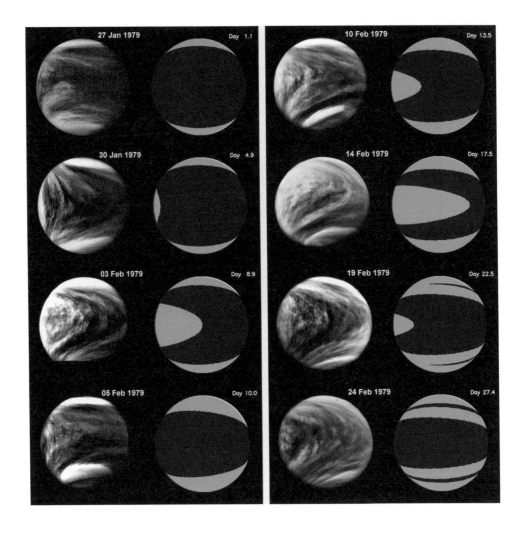

금성의 자전을 고려해서 시뮬레이션으로 금성 대기권에 그려지는 커다란 Y자 패턴을 재현한
모습.©NASA / ESA

라고 추측했다. 그러나 이후 1973년 매리너 10호Mariner 10 탐사선을 통해 금성 대기권의 운동속도를 분석한 결과, Y자 패턴은 금성의 자전과 별개로 움직이고 있었다. 금성은 자전축을 중심으로 한 바퀴를 회전하는 데 우리 시간으로 무려 230여 일이 걸릴 만큼 아주 느린 속도로 돌고 있다. 금성에서의 하루는 지구 시간으로 무려 230일이나 된다는 뜻이다. 이렇게 느린 자전속도로는 금성의 대기에 패턴을 만들 만큼 충분히 효과적인 코리올리 힘을 만들어낼 수 없다. 게다가 금성의 대기는 사흘에 한 번 금성 전체를 맴돌았다. 금성 자체의 자전속도보다 무려 60여 배가 빠른 속도다. 금성의 자전과 별개로 이렇게 빠른 속도로 그 위를 맴도는 금성 대기와 그 독특한 Y자 패턴은 이후로도 계속 미스터리로 남아 있다.

금성은 지구와 유사한 크기를 갖고 있고 태양과의 거리도 다른 행성에 비해 지구와 비슷한데, 대체 왜 지구는 천혜의 유토피아가 되었고 금성은 끔찍한 불지옥이 되었을까?

인간과 침팬지도 99%의 유전자가 일치하지만 단 1%의 차이로 한 종족은 지구의 지배자가 되었고 다른 종족은 동물원 우리의 구경거리가 되었다. 이처럼 거의 비슷한 금성과 지구도 아마 아직 우리가 알아내지 못한 사소한 차이 때문에 이런 극명하게 다른 운명을 갖게 된 것일지 모른다. 하지만 현재 천문학자들이 확실히 이야기할 수 있는 것은, 만약 우리가 지구온난화를 막지 못하고 계속 이산화탄소를 비롯한 더 많은 온실가스를 배출해 지구를 뒤덮어버린다면 지구의 미래는 금성을 닮아가게 될 것이라는 점이다. 어떤 사람들은 사실 오래전에 금성에도 우리처럼 발달된 기술 문명을 이루었던 세계가 존재했지만, 우리가 지구를 괴롭히

듯 그들이 금성을 괴롭혔고 그 결과 그들의 흔적은 사라진 채 지금의 참혹한 모습만 남게 되었다는 상상력을 발휘하기도 한다. 그 상상의 진위 여부를 지금으로서는 확인할 길이 없지만, 나는 그 상상력이 품고 있는 감성, 우리 지구는 지금 금성을 서서히 닮아가고 있다는 그 감성에는 아주 크게 공감한다. 앞으로 가까운 미래, 화성을 비롯한 다른 행성을 우리가 살기에 적합한 지구처럼 바꾸는 지구화를 연구하는 것도 매력적이지만, 지구가 점차 뜨거운 이산화탄소 불지옥으로 변해가는 지구의 '금성화'를 막는 방법을 강구하는 고민도 우리에게 필요하지 않을까?

매일 저녁 지평선에 걸려 있는 개밥바라기를 바라보면서, 나는 가끔 우리 지구의 암울한 미래를 보고 있다는 생각을 한다. 어쩌면 금성은 그 참담한 온난화의 결말을 몸소 보여주면서 우리 지구인들에게 경고의 메시지를 띄우고 있는지도 모르겠다. 막을 수만 있다면 어떻게든 막고 싶은 지구의 미래, 그 슬픈 미래가 지금 저기 붉은 노을과 함께 하늘에 걸려 있다.

퇴근길

꽉 막힌

별들의

행렬

Mai bine. Pentru că putem.

은하계 지도와
'나선팔 정체구간'의
실체를 보다

19:00

땅거미가 지고 어두운 밤이 낮게 깔린다. 남산 정상에 올라 내려다보는 서울의 밤은 아직 불이 꺼지지 않은 사무실의 불빛과 도로의 윤곽을 따라 길게 이어진 자동차의 미등으로 알록달록하게 빛나고 있다. 매일 저녁 해가 저물고 나면 나타나는 서울의 야경은 마치 밤하늘에 길게 흘러가는 은하수와 경쟁을 하듯, 은하수 못지않은 아름다운 빛의 물결을 만들어낸다. 오밀조밀하게 모여 있는 불빛이 그려낸 서울의 야경을 마냥 바라보다 보면 실은 저 불빛 하나하나가 도로에서 느리게 굴러가고 있는 자동차의 미등이라는 사실을 망각하게 된다. 1610년 갈릴레오가 처음으로 망원경을 통해 은하수를 보기 전까지 은하수가 사실은 수많은 작은 별들로 가득한 행렬이라는 것을 알아채지 못했던 것처럼!

망원경으로 은하수를 바라보기 시작하다

이탈리아의 천문학자 갈릴레오 갈릴레이Galileo Galilei(1564~1642)는 자기가
직접 만든 망원경으로 밤하늘을 바라보며 자신의 눈으로 목격한 놀라운
이야기들을 한 권의 책에 담았다. 울퉁불퉁한 달의 표면, 목성 주변을 맴
도는 또 다른 작은 천체들, 그저 맨눈으로만 밤하늘을 봤던 그 이전 시대
에는 볼 수 없었던, 아니 존재하는 줄도 몰랐던 밤하늘의 새로운 모습이
망원경의 작은 렌즈를 통해 쏟아져 들어왔다. 특히 그가 망원경을 통해
바라본 은하수는 큰 충격을 안겨주었다. 그는 1601년에 출간한《별 세계
의 소식Siderius Nuncius》에 당시의 흥분과 황홀감을 상세히 기록했다.

은하수는 그저 셀 수 없이 많은 별들이 모여 있는 것에 불과하다. 망원경
으로 어떤 방향을 바라보더라도… 그저 설명할 수 없는 수없이 많은 별들
이 보일 뿐이다.

For the Milky Way is nothing else than a congeries of innumerable stars distributed in clusters. To whatever region of it you direct your spygalass... the multitude of small stars is truly unfathomable.

갈릴레오의 고백이 있기 전까지 맨눈으로만 우주를 만끽했던 인류에게 은하수는 그저 밤하늘에 그려진 거대한 무늬에 불과했다. 마치 여신이 우유를 흘리고 지나간 자리와 같다는 뜻에서 'Milky Way'라고 불렸던 은하수는 작게 빛나는 별들이 이어져 만들어낸 황홀한 야경이었던 셈이다. 남산에서 내려다본 도로 위의 야경이 실은 그 안에 갇힌 자동차 미등의 집합인 것처럼, 흘러가는 강줄기가 실은 더 작은 물 분자들의 집합인 것처럼, 길게 이어져 패턴을 그려내고 있는 별들의 속사정이 처음으로 갈릴레오의 망원경을 통해 드러나게 되었다. 더 이상 우주는 여러 천체들이 새겨져 있는 거대한 돔이 아니었다. 갈릴레오의 발견을 통해 인류는 이 우주가 제각기 다른 거리에 놓인 별들로 가득한 무한의 공간이라는 것을 알아가기 시작했다.

은하수의 실체를 알게 된 천문학자들은 뒤이어 더 정확한 우주의 지도, 우리은하계의 지도를 그리고 싶었다. 우리가 살고 있는 이 은하계는 어떤 모습일지, 그리고 우리가 보고 있는 태양은 은하계에서 어디쯤에 위치하는지를 알고 싶었다. 사실 은하계의 지도를 그리는 가장 간단한 방법은 남산에 올라 서울을 내려다보듯 우리은하계가 한눈에 보이는 높은 산에 올라 은하계를 조망하는 것이다. 하지만 은하계는 너무 거대하기 때문에, 현재까지의 기술로는 은하계를 벗어나 한눈에 바라볼 만큼

오래전 사람들은 은하수를 그저 하늘에서
흐르는 뿌연 구름과 같은 대기현상이라고
생각했다. ©Wikimedia / Steve Juvetson

먼 거리까지 탐사선을 보낼 수 없다. 훨씬 멀리 떠 있는 달 표면은 한눈에 보이지만 정작 내가 살고 있는 마을은 한눈에 들어오지 않는 것처럼, 우리은하라는 거대한 숲에 갇힌 우리는 그 시야를 가로막고 있는 나무들로 이어진 은하수(樹)의 행렬만 볼 수 있을 뿐, 이 거대한 숲을 한눈에 볼 수 있는 방법은 없다.

그런데 관점을 달리해보면 조금은 고생스럽지만 우리가 살고 있는 이 은하계 숲의 지도를 간접적으로 그릴 수 있는 방법을 떠올릴 수 있다. 바로 우리 주변에서 빛나고 있는 별들 하나하나까지의 거리를 측정해 입체적으로 지도를 그려보는 것이다. 별 세기Star counting라고 불리는 굉장히 번거로운 이 작업은 실제로 18세기 말 천문학자들 사이에서 유행했던 연구 분야였다. 천문학자들은 더 먼 거리에 떨어져 있는 별일수록 원래 밝기보다 더 어둡게 보일 것이라고 생각했다. 1785년 천문학자 윌리엄 허셜William Herschel(1738~1822)은 우리 주변 모든 별들의 실제 밝기가 같다는 큰 가정하에, 관측되는 별들의 겉보기 밝기들을 비교하여 최초의 우리은하계 지도책인《천상 세계의 설계도On the Construction of the Heaven》를 발표했다. 그의 책에서 그동안 관습적으로 사용되던 은하라는 단어에 대해 최초로 천문학적이고 관측적인 정의가 등장했다.

아주 길게 늘어지고 이어진 수백만 개 별들의 집합.

A very extensive, branching, compound congeries of many millions of stars.

그의 관측과 계산에 따르면 우리 태양은 우리은하계 숲의 한가운

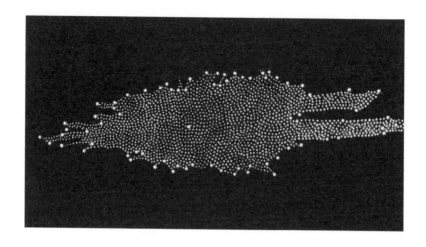

윌리엄 허셜이 별 세기 방법으로 추측한 우리 태양 주변 별들의 분포 지도. 가운데 진한 하얀 점이 태양이다. 당시에는 태양이 우리은하의 중심이라고 생각했다.©윌리엄 허셜 《천상 세계의 설계도》

데 자리하고 있고, 그 주변에 납작하게 퍼진 형태로 별들이 분포하고 있다. 하지만 그의 관측이 고려하지 못한 것이 하나 있었다. 바로 은하계를 가로지르며 우리의 시야를 가리는 가스구름들의 방해공작이다. 안개가 낀 날에 가시거리가 더 짧아지는 것처럼 은하계는 우리의 시야를 가로막고 별들을 더 어둡고 뿌옇게 보이게 하는 성간 가스안개들로 가득하다. 이렇게 우주 공간에 흩뿌려진 가스먼지들이 그 너머에 가려져 있는 별의 밝기를 실제보다 더 어둡게 만드는 것을 성간소광ınterstellar extinction이라고 한다. 즉, 우리에게 보이는 별들은 실제로 먼 거리에 놓여 있기 때문에 어두워 보이는 것보다도 더 어둡게 보이게 된다. 이 효과를 정확하게 계산해 고려하지 않으면 어둡게 보이는 별이 단순히 실제보다 더 멀리 놓여 있기 때문이라는 착각을 할 수 있다. 실제로 천문학자 존 허셜John Herschel(1792~1871)은 은하수 한가운데를 어둡게 가리고 지나가는 성간 먼지에 대해서 고려하지 않은 탓으로, 당시 그가 완성한 은하계 지도는 한가운데에 대부분의 별들이 존재하지 않는 텅 빈 분포를 하고 있다. 하지만 이후 별과 별 사이에 빛을 흡수하고 더 파장이 긴 붉은 빛으로 재방출하는 형태의 성간소광인 적색화Reddening가 발생하고 있다는 것이 자외선 관측을 통해 밝혀졌다. 천문학자들은 간단하게 별빛이 얼마나 두꺼운 성간 물질을 통과하는지를 유추한 뒤 그만큼 별빛이 어두워지는 효과를 감안해서 별의 진짜 밝기를 보정하는 방식으로 은하계 지도를 다시 그려나갔다. 새롭게 보정된 은하계 숲의 지도에서는 이전에 한가운데를 차지하고 있던 태양이 중심에서 벗어난 변두리로 자리를 옮겼다.

우리은하계의 지도를 완성하다

이후 천문학자들은 단순히 별이 어디에 있는지 그 위치를 파악하는 것뿐 아니라, 별이 현재 어떻게 움직이고 있는지 운동 상태에 대한 연구를 추가로 진행했다. 우리 태양을 비롯한 은하계의 모든 별은 자기 자리에 가만히 떠 있는 것이 아니다. 은하계 중심의 거대한 질량 중심을 기준으로 마치 강강술래를 하듯 함께 둥글게 맴돌고 있다. 우리 태양을 기준으로 은하계 중심에 더 가깝고 먼 별들이 어떻게 움직이는지 그 상대적인 움직임을 계산하면, 태양 주변 별들이 은하의 중심을 기준으로 어떻게 움직이는지 유추할 수 있다. 이 거대한 은하계 중심의 질량이 더 무거울수록 그 주변을 맴도는 별들의 운동속도도 더 빨라진다. 따라서 은하계 한가운데를 중심으로 별들이 어떤 속도로 운동하는지를 파악하면, 은하계 중심에서 외곽까지 숲길을 따라 나무들이 어떤 밀도로 분포하는지 그 질량 분포를 정밀하게 구할 수 있다. 1927년 두 천문학자 린드블라드Bertil Lindblad(1895~1965)와 오르트Jan Oort(1900~1992)는 각각 은하계를 맴도는 태양 주변 별들의 운동을 분석했다. 이를 통해 은하계 숲의 중심이 궁수자리 방향으로 약 1만2000광년 떨어져 있다는 결과를 얻을 수 있었다. 그리고 우리 태양이 주변의 별들과 함께 은하계 변두리에서 초속 $200km$의 빠른 속도로 맴돌고 있다는 것을 알게 되었다. 이것은 은하계 숲의 규모를 재고 숲의 지도를 그리는 첫 단추가 된 중요한 연구였다.

이후 1930년대에 접어들면서 은하계를 엿볼 수 있는 새로운 방법으로 전파 관측이 등장했다. 이를 통해 그전까지 단순히 별을 세면서 하나하나 지도를 채워가던 방법에서 벗어나, 오래된 붉은 별들뿐 아니라 갓 태어난 푸른 별들, 그리고 그 별들이 새롭게 태어나는 수소 가스구름의 분포를 파악할 수 있게 되었다. 우주에서 가장 흔한 수소 원소는 하나의 원자핵과 하나의 전자로 이루어진 가장 단순한 원소다. 원자핵을 맴도는 한 개의 전자는 미세하게 진동하면서 고유의 에너지를 바깥으로 내보낼 수 있다. 보통 빛의 파장은 우리 눈으로 볼 수 없을 정도로 아주 짧은 마이크로·나노미터 수준의 파장으로 진동하는 데 비해, 이 수소 원소는 cm 단위로 아주 긴 파장을 내보낸다. 이렇게 파장이 길기 때문에 주변의 별빛을 가로막는 성간소광 가스구름의 방해를 요리조리 피

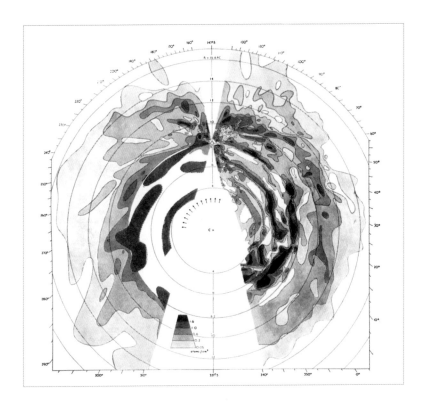

태양 주변에서 중성 수소 가스구름의 속도와 위치를 관측해서 추정한 우리은하 전역에 분포하는
가스구름의 지도.ⒸOort, J. H., Kerr, F. J., &Westerhout, G., Monthly Notices of the Royal Astronomical Society, "The
galactic system as a spiral nebula", 1958.

할 수 있고, 은하 끝자락에 위치한 가스구름의 전파 신호까지 포착할 수
있다. 특히 우주에서 가장 흔한 성분인 수소의 신호를 포착할 수 있다
면, 단순히 눈에 보이는 별로만 그려놓았던 엉성한 은하 숲 지도의 빈 공
간을 채울 수 있다. 1949년 네덜란드의 천문학자 헐스트Hendrik C. van de

Hulst(1918~2000)가 처음 제안했던 이 21*cm* 파장 관측 방법은 이후 본격적으로 전 세계 전파망원경 접시를 통해 실제로 진행되었다. 그리고 1958년에 천문학자들은 우리은하에 분포하는 가스구름의 위치를 그려 넣으며 은하계 숲 지도의 빈 칸을 채워나갈 수 있었다. 그동안은 눈앞에 보이는 나무 몇 그루만 가지고 숲의 지도를 그렸다면, 이제는 눈에 보이지 않는 숲속에서 새어나오는 새들의 울음소리, 바람에 흩날리는 나뭇잎 소리까지 엿들으며 숲의 끝자락까지 이르는 거대한 은하계의 지도를 완성할 수 있게 된 것이다.

이렇게 수소가스의 분포를 완성한 천문학자들은 은하계 숲 지도에서 독특한 구조를 확인하게 된다. 수소 가스구름들은 은하계 숲에 무작위하게 분포하지 않고, 중심에서 뻗어 나오는 몇 가닥의 기다란 패턴을 그리고 있었던 것이다. 마치 라떼 아트처럼 나선팔이 둥글게 휘감겨 있었다. 1976년 천문학자 험프리스Roberta Humphreys(1893~1977)는 은하 중심을 향하는 궁수자리 방향에서 이어지는 첫 번째 나선팔인 궁수-용골자리 나선팔Sagittarius-Carina Arm의 존재를 최초로 확인했다. 이후 1976년 우리은하계 숲에 휘감겨 있는 거대하고 뚜렷한 네 가닥의 나선팔 지도가 완성되었다. 놀랍게도 나선팔은 단순히 가스구름이 뭉쳐져 있는 덩어리가 아니라, 그 주변에서 아주 활발하게 별들이 새롭게 태어나는 현장이었다. 나선팔의 곡선을 따라 새롭게 태어난 푸르고 뜨거운 별들이 목걸이의 보석처럼 쭉 이어져 있다. 우리은하 주변의 다른 숲, 다른 은하계들에서도 이와 비슷한 나선팔 구조들이 흔하게 발견되며, 그 나선팔을 따라 새로운 아기별들이 태어나고 있다. 나선팔은 단순히 우리 눈을 현혹

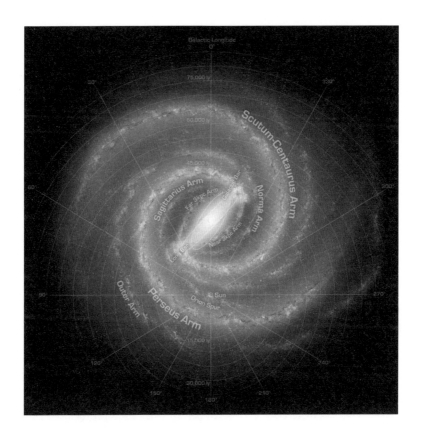

우리은하 중심을 휘감고 그려지는 뚜렷한 대표적 나선팔들의 분포.ⒸNASA

하는 은하계의 무늬에 불과한 것이 아니다. 나뭇가지를 따라 파릇파릇한 이파리들이 매달려 있듯, 새롭게 태어나는 아기별들을 품은 산실이다. 줄줄이 이어져 엉금엉금 기어가면서 도로 위에 아름다운 야경 패턴을 만들어내는 자동차들의 행렬처럼, 갓 태어난 별들과 그 뒤를 따르는 수소 가스구름들이 줄줄이 이어져 은하계를 맴돌면서 아름다운 패턴을 만들어내고 있다. 하지만 안타깝게도 천문학자들은 아직 이 아름다운 은하계의 패턴이 어떻게 그려지는지 그 정확한 원인을 알아내지 못했다.

나선팔을 따라 길게 이어지는 별들의 정체구간

꽉 막힌 정체구간을 탈출하면 언제 그랬냐는 듯이 뻥 뚫린 구간이 나타나고는 한다. 방금 전까지 대체 왜 길이 막혔던 것인지 이유를 알 수 없는 이런 도로의 정체현상을 일컬어 '유령 정체현상'이라고 부른다. 우리가 보지 못한 사이에 교통사고가 일어났다가 수습되었지만 아직까지 그 여파가 남아 정체구간을 만들었을 수도 있고, 중간에 초보 운전자가 서행 운전을 하느라 정체구간이 형성되었을 수도 있다. 어쨌든 정체구간을 벗어났으니 속은 후련하지만 원인을 알 수 없는 도로 위 유령의 장난에 말려든 기분이 들기도 한다. 은하계를 맴도는 별들의 패턴을 연구하는 천문학자들도 원인을 알 수 없는 유령의 장난 때문에 찜찜한 마음을 지우지 못하고 있다.

은하계를 맴도는 별들이 그려내는 나선팔의 형태는 그 경향에 따라 크게 두 가지 종류로 구분할 수 있다. 우리은하나 안드로메다 은하처럼 두세 개의 두드러지는 나선팔을 갖고 있는 뚜렷한 나선팔Grand-design spirals, 그리고 마치 얽혀 있는 카펫 표면처럼 엉클어진 나선팔Flocculent spirals이다. 현재 천문학자들은 이 나선팔의 종류에 따라 각기 다른 생성

소용돌이 은하라는 별명을 갖고 있는, 뚜렷한
나선팔로 휘감긴 은하 M51.©NASA / ESA

뚜렷한 나선팔 구조를 보이지 않고,
뭉게구름처럼 몽실몽실 가스구름이 엉켜 있는
형태를 하고 있는 은하 NGC 7793.©ESO

원리를 설명한다.

확연하게 두세 개의 휘감긴 나선팔을 보여주는 뚜렷한 나선팔은 사실 실제로 존재하는 구조가 아니다. 단순히 그 순간에 별들이 많이 모여 있는 부분이 나선팔처럼 보이는 것일 뿐, 나선팔 자체가 별도의 구조는 아니라는 뜻이다. 도로의 정체구간을 예로 들자면, 도로 위에서 자동차들이 갇혀 느리게 움직이는 구간은 그저 차들이 오밀조밀하게 모여 있는 특정 부분일 뿐, 정체구간 그 자체가 실제로 도로 위를 굴러가는 큰 자동차는 아니다. 각각의 자동차들은 그저 그 꽉 막힌 구간에 들어갔다가 앞으로 탈출하는 경로를 따라 움직이면서, 그 중간에 정체구간을 형성할 뿐이다. 이처럼 뚜렷한 나선팔을 갖고 있는 원반은하들의 나선팔도 실제로 별들이 그 자리에 박힌 채 맴돌고 있는 구조가 아니다. 별들은 나선팔과 별개로 각자 고유의 원궤도를 따라 은하 주변을 맴돌면서, 나선팔이라는 별들의 정체구간에 진입했다가 다시 그 구간을 벗어날 뿐이다. 나선팔은 그저 별들이 잠깐 오밀조밀하게 모여 있는 별들의 정체구간이다.

이처럼 실제 별들이 움직이는 것이 아니라, 그 별들이 모여 있는 밀도가 높은 지역이 흘러간다는 의미에서 이를 밀도파Density wave라고 한다. 도로에서 형성되는 정체구간은 실제로 존재하는 거대한 자동차가 아니라 자동차들의 흐름이 중간에 느려지면서 밀도가 높아지는 밀도파일 뿐이다. 스포츠 경기장 응원석에서 관중들이 차례대로 일어나서 만드는 파도타기도 이러한 밀도파의 한 종류로 볼 수 있다. 관중들이 박자에 맞춰 일어나면서, 일어난 관중이 밀집한 밀도 높은 부분이 응원석에 형성된다. 그러나 관중석을 따라 흐르는 파도는 실제로 흘러가는 것이 아니다. 그저 순서대로 관중들이 움직이면서, 서 있는 관중들의 밀도가 높은 부분이 옮겨갈 뿐이다. 정체구간을 그리는 도로 위의 자동차 하나하나가 별이라면, 자동차들이 잠깐 지나게 되는 밀도가 높은 정체구간은 천천히 흐르는 밀도파가 된다. 정체구간 자체도 아주 느리지만 움직이기는 한다. 예를 들어 아주 느리게 서행하는 트럭이 고속도로 한가운데 정체구간을 만들었다면, 그 트럭 주변에 형성되는 정체구간도 트럭이 도로를 달리는 동안 서서히 이동할 것이다. 반면 그 트럭을 피해 벗어나는 각각의 자동차들은 트럭이 형성한 정체구간과 별개로 더 빠르게 그곳을 벗어난다. 이처럼 별들이 만들어낸 정체구간과 개개의 별의 궤도 운동은 다른 속도로 진행된다. 은하 변두리를 맴도는 별과 가스구름들은 별들이 밀집한 채 느리게 흐르는 밀도파의 중심, 나선팔 정체구간을 향해 빠르게 접근하고 다시 빠르게 벗어난다.

정체구간에 진입하면서 자동차가 서서히 느려지면 그 안에서 핸들을 잡고 있는 운전자의 스트레스 게이지가 올라가는 것처럼, 은하를 맴도는 별과 가스구름도 나선팔 정체구간에 진입하면 스트레스를 받는다. 밀도가 높은 구간에 진입한 가스구름은 나선팔 정체구간에서 가하는 강한 압력으로 압축되고 반죽된다. 그 결과 압축된 가스구름에서는 새로운 별들이 태어날 수 있다. 정체구간의 중심을 지나는 동안 가스구름이 반죽되어 새롭게 태어난 푸르고 뜨거운 아기별들은 다시 정체구간을 벗어나는 가스구름과 함께 나선팔을 앞질러 간다. 그래서 나선팔 정체구간 앞으로 흘러간 가스구름의 꼬리를 따라 갓 태어난 푸른 아기별들이 쭉 나열된 듯한 분포를 보인다.

실제로 나선팔을 기준으로 하여 앞뒤로 어린 별과 가스구름의 분포를 보면, 별들이 태어나지 않은 먼지 구름이 나선팔의 뒤를 이어 들어오고, 갓 태어난 별들을 품고 있는 뜨거운 가스구름은 나선팔을 앞질러 흘러간다. 그런데 푸르고 무거운 별일수록 별들의 수명이 짧아지기 때문에, 푸른 별은 나선팔 정체구간을 벗어나고서 오랫동안 빛나지 못하고 폭발해버린다. 반면 상대적으로 질량이 작고 온도가 낮은 붉은 별들은 나선팔 정체구간을 벗어나고 나서도 꽤 오랫동안 미지근한 빛을 내며 살아남을 수 있다. 이런 이유로 푸르고 밝은 별들은 나선팔과 가까운 지역에서 많이 발견되는 반면, 온도가 낮은 붉은 별들은 나선팔 구간에서 많이 벗어난 지역에서도 발견된다.

하지만 이러한 관측 결과는 단순히 나선팔 주변에서 보이는 가스구름과 별들의 분포를 설명할 뿐, 왜 이런 나선팔이 만들어졌는지에 대해서는 충분히 설명하지 못하는 한계가 있다. 마치 정체구간을 따라 운전자들의 스트레스 게이지가 오르고 내리는 것을 설명할 수는 있지만, 왜 그런 유령 정체구간이 형성되었는지 설명하지 못하는 것과 같다. 정확한 이유는 알 수 없지만 분명 은하에도 정체구간이 형성되고 별들의 흐름도 함께 느려진다. 대체 은하에서는 왜 이런 뚜렷한 정체구간이 만들어지는 것일까?

은하의 나선팔(파란색 선) 뒤로 가스가 진입하면서 압축되고, 푸르고 뜨거운 별을 만든다. 가스구름이 나선팔을 통과해 앞지르고 나면, 시간이 지나면서 별들이 늙어간다. 그래서 나선팔 뒤로는 어린 별(파란색 점)이 만들고 있는 파룻파룻한 가스구름이, 나선팔 앞으로는 나이든 별들(갈색 점)이 쭉 이어진다. 흰색 실선은 나선팔과 별개로 은하 주변을 돌고 있는 별들의 궤도를 나타낸다. ⓒNASA

운전을 하다 보면 가끔 조금 더 빨리 가겠다고 옆 차선에 끼어드는 얌체 운전자로 인해 그 뒤의 흐름이 엉키면서 정체구간 밀도파가 형성되는 모습을 볼 수 있다. 이런 자동차의 끼어들기가 만들어낸 여파는 그 바로 뒤의 한두 대뿐 아니라 한 무리의 자동차들을 서행하게 만든다. 그리고 한대가 끼어들기 시작하면 그 새를 놓칠세라 재빠르게 뒤이어 꼬리물기를 하는 자동차들 때문에 본격적인 카오스가 시작된다.

흥미롭게도 우리은하계 나선팔 정체구간의 기원을 좇던 천문학자들은 오래전 우리은하 가장자리에 끼어들기를 시도했던 다른 작은 은하가 남긴 기다란 꼬리물기의 흔적을 발견했다. 우리은하 주변을 맴도는 작은 왜소은하Dwarf galaxy 중 하나인 궁수자리 왜소은하Sagittarius dwarf는 그 뒤로 수많은 별과 가스구름으로 이어진 긴 꼬리를 그리고 있다. 궁수자리 왜소은하가 우리은하 주변에서 움직이는 방향의 뒤를 따라 긴 꼬리처럼 이어진 별들의 흐름을 궁수자리 흐름Sagittarius stream이라고 하며, 이는 궁수자리 왜소은하가 사실 우리은하 바깥에서 날아와 오래전에 끼어들었다는 강력한 증거가 된다.

실제로 우리은하를 에워싸고 있는 이런 거대한 끼어들기의 흔적을 재현하기 위해 다양한 시뮬레이션 연구가 진행되었다. 2011년 크리스퍼셀Chris W. Purcell 연구팀은 《네이처Nature》에 발표한 시뮬레이션 연구에서 현재 궁수자리 왜소은하를 이루고 있는 질량과 그 뒤에 길게 이어진 별 꼬리에 있는 질량을 모두 합한 만큼의 작은 은하가 오래전 우리은하 곁

우리은하(가운데 밝은 부분) 변두리에서 긴 가스구름과 별 꼬리를 그리며 맴돌고 있는 궁수자리
왜소은하(위쪽 하얗게 뭉쳐 있는 부분)와 그 궤적.©NASA / JPL-Caltech

을 스쳐 지나가는 상황을 재현하여 현재 관측되는 궁수자리 왜소은하와
별 꼬리 흐름의 분포를 잘 구현해냈다. 더불어 이러한 작은 은하들의 끼
어들기는 중심의 우리은하 자체에도 영향을 주며, 우리은하 변두리를 돌
던 별들의 흐름에 정체구간을 형성시키고, 지금과 같은 뚜렷한 나선팔

밀도파를 그려낸다는 것이 확인되었다.

하지만 앞서 설명했던 두 번째 형태의 나선팔, 엉클어진 나선팔은 이러한 왜소은하의 끼어들기만으로는 충분히 재현할 수 없다. 왜소은하의 끼어들기는 주로 큰 규모에서 뚜렷한 정체구간을 형성하고 확연하게 두드러지는 나선팔을 만든다. 그렇다면 이와 달리 만약 도로 한가운데에서 갑자기 차 한 대가 퍼지거나 예상치 못한 접촉사고가 발생한다면? 그 일대는 혼돈에 빠지면서 순식간에 앞뒤로 난잡하게 뒤엉킬 것이다. 이처럼 은하에서도 일부 작은 지역에서 국지적으로 벌어지는 일대의 혼란이 극에 달한 정체구간을 형성하면서 아주 복잡하게 엉킨 나선팔을 그릴 수 있을 것이다.

은하를 둥글게 내달리는 별들의 세계에서 접촉사고에 버금가는 혼란을 일으키는 사건으로는 초신성 폭발을 떠올릴 수 있다. 무거운 별이 그 마지막 진화 과정에서 큰 폭발과 함께 사라지면, 폭발하는 별의 위력은 주변 가스물질들을 사방으로 밀어내고 압축시킨다. 그 결과, 터져버린 별 주변에서 사방으로 번진 충격파는 계속 연이어 더 퍼져나갈 것이다. 이렇게 한 번 형성된 혼돈 구간은 계속하여 그 앞뒤의 가스들을 압축하게 되고, 그 압축된 가스구름 속에서 다시 새로운 별들이 태어난다. 그 중 수명이 짧은 크고 무거운 별들은 다시 머지않아 또 초신성 폭발을 하게 되고, 그 여파는 다시 주변 가스물질을 압축시킨다. 이러한 연쇄작용은 계속 진행될 수 있다. 실제로 이러한 국지적인 작은 혼란을 재현한 시뮬레이션을 보면, 짧게는 2억 년에서 길게는 3억 년 안에 다른 은하에서 보이는 엉클어진 나선팔의 모습을 잘 재현해낸다.

엉클어진 나선팔을 갖고 있는 은하 IC 342를 적외선으로 관측한 모습. 은하에 분포하는 먼지 구름의
분포를 알 수 있다. 이러한 은하는 곳곳에서 폭발한 초신성 때문에 구멍이 뚫린 듯 복잡하게 엉킨 나선팔을
갖고 있다고 추측한다.ⒸNASA / WISE

따라서 지금까지 별들의 교통체증에 관한 연구를 보면, 이 우주에는 크게 두 가지 종류의 교통체증, 아니 성통星通 체증이 존재하는 것으로 보인다. 은하계 곁에서 서서히 눈치를 보다가 끼어 들어온 작은 은하에 의해 그 뒤로 뚜렷한 나선팔 정체구간이 형성되는 경우, 그리고 그냥 은하 변두리에서 잘 맴돌던 별들 중 하나가 갑자기 터짐으로 인해 사방으로 국지적인 혼란이 퍼져나가면서 뒤죽박죽 엉킨 나선팔을 그리는 경우가 있다. 두 경우 모두 그 꽉 막힌 정체구간에 갇혀 있을 별의 입장에서는 굉장히 속이 타고 답답하겠지만, 공교롭게도 그 모습을 멀리서 바라보면 은하들이 그려내는 아름다운 패턴으로 보일 뿐이다.

마지막으로 산을 내려가기 전, 한 번 더 도시의 야경을 돌아본다. 아직 퇴근하지 못한 채 야근을 하며 사무실의 불을 밝히고 있는 직원들, 꽉 막힌 도로에서 엉금엉금 기어가는 자동차들의 미등. 이 산에서 바라본 도시의 야경은 울긋불긋 갖가지 조명으로 빛나는 아름다운 패턴의 연속일 뿐, 미안하게도 그 안에 갇혀 있는 당사자들의 속사정은 보이지 않는다. 어쩌면 지금 텅 빈 사무실의 자리를 지키고 있는 그대, 몇 분째 서행하는 도로 위에 갇힌 그대, 그리고 저 밤하늘의 아름다운 패턴을 그리는 나선 은하 속 별들 모두, 이 우주를 더욱더 아름답게 장식하는 밀도파의 일원일지도 모른다.

뇌섹 천문학자들이 찾은 외계행성의 명당자리

지구를
닮은
생명거주가능
행성을
찾아라

19:30

오늘 저녁은 극장에서 영화를 보며 데이트를 즐길 계획이다. 인터넷 예매를 하기 위해 현재 상영작들의 인기순위를 확인하다. 날짜를 선택하고 원하는 영화와 극장을 고른다. 영화를 볼 인원까지 선택하고 나면 가장 중요한 마지막 단계가 남는다. 바로 좌석의 위치를 고르는 일이다. 스크린에 너무 가까이 붙으면 영화를 보는 내내 고개를 쳐들고 있느라 목이 뻐근하다. 너무 뒤로 가면 소리가 작아지고, 운이 나쁘면 앞자리 관객 때문에 화면이 가려진다. 너무 왼쪽이나 오른쪽 구석으로 가면 화면이 왜곡된다. 조금 사치를 부려서 아이맥스 영화를 즐긴다면, 화면을 보는 각도와 위치는 더욱 중요해진다. 보통 G 열에서 J 열 정도, 적당한 거리에서 한눈에 스크린이 들어오고 스피커에서 나오는 소리를 집중해 잘 들을 수 있는 명당자리들이 있다. 그러나 그런 명당자리는 다른 발 빠른 관람객들이 금방 선점해버린다. 우물쭈물하다 늦어버리면 구석자리로 밀려나기 십상이다.

외계행성을 사냥하는 섹시한 방법

우리 지구가 특별한 것은 바로 태양계 중심별인 태양에서 너무 멀지도 가깝지도 않은 딱 적당한 명당자리에 위치하고 있기 때문이다. 태양에 가까우면 그 에너지를 너무 과하게 받아서 바짝 말라버린 사막 행성이 되었을 것이고, 조금만 더 멀었다면 명왕성처럼 차갑게 얼어붙은 얼음 행성이 되었을 것이다. 우리 지구는 딱 적당한 명당 궤도를 돌고 있고, 그 덕분에 지금 우리는 편안하게 지구에 앉아 우주를 관람할 수 있다. 그리고 이제 천문학자들은 태양이 아닌 다른 별 주변을 샅샅이 뒤지면서, 그 별 주변의 명당자리를 차지하고 있는, 복 받은 외계행성Exoplanet들의 존재를 추적한다.

우리 태양은 우주의 수많은 흔한 별 중 하나다. 따라서 태양 곁에서 우리 지구를 포함한 많은 행성이 돌고 있는 것처럼, 다른 별 주변에도 그들의 세계를 이루는 행성들이 돌고 있다고 추측하는 것은 자연스럽다.

그러나 안타깝게도 행성은 별과 달리 스스로 밝게 빛을 내지 않는다. 천문학적으로 별은 직접 내부에서 핵융합 반응을 통해 에너지를 만들어서 스스로 빛을 내며 탈 수 있는 가스 덩어리를 의미한다. 반면 행성은 그 별 곁을 맴도는 작은 천체들로, 목성처럼 차갑게 식은 가스 덩어리 혹은 지구처럼 딱딱한 돌덩어리를 가리킨다. 그래서 행성인 지구를 '지구별'이라고 부르는 것은 사실 천문학적으로 잘못된 표현이다. 우리 지구의 밤하늘에서 보이는 목성, 토성 등 다른 태양계 행성들도 사실 스스로 빛을 내는 것이 아니라 태양 빛을 반사할 뿐이다. 최근에는 아주 어두운 빛도 잘 감지할 수 있는 기술과 거대한 망원경이 많이 건설되면서 다른 별 옆에 있는 외계행성들의 모습을 겨우 포착하는 경우가 있기는 하다. 그러나 밝은 별 옆에 파묻혀 있는 어두운 외계행성의 모습을 직접 촬영해서 확인하는 것은 아주 어렵다. 게다가 그런 흔치 않은 기회에만 기댈 수는 없다. 그래서 천문학자들은 외계행성의 존재를 확인할 수 있는 조금 더 섹시한 방법을 이용한다.

가끔 태양과 그 태양을 지구에서 바라보는 우리의 시야 사이로 달이 쓱 지나가면서 태양을 가리는 일식이 일어난다. 달뿐 아니라 지구보다 안쪽 궤도를 도는 금성, 수성도 태양을 바라보는 우리의 시야를 지나가면서 일종의 일식을 일으킨다. 물론 달보다 훨씬 멀리 있는 금성과 수성은 우리에게 작게 보이기 때문에, 달처럼 태양을 완전히 가리지는 못하고 작은 점이 태양 앞을 지나가는 것처럼 보일 뿐이다. 이렇게 지구보다 안쪽에 있는 행성들이 태양 앞을 가리면서 지나가는 현상을 수성과 금성의 일면 통과Transit of mercury / venus 현상이라고 한다. 이러한 일식, 또

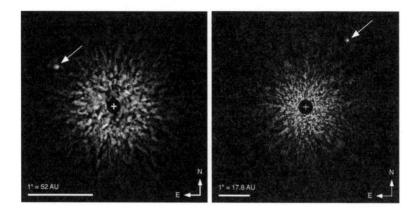

하와이 마우나 케아Mauna kea에 설치된 일본의 지름 8m짜리 스바루Subaru 망원경으로 직접 촬영한
외계행성의 모습. 각 사진 중앙에서 아주 밝게 빛나는 별빛 주변을 이미지 처리 기술로 제거해서 사진
중앙에 검은 동그라미가 그려지면서 아주 밝게 빛나는 별빛의 잔상 속에 파묻혀 있던 어두운 행성의
모습이 작은 점으로 드러났다.ⓒNAOJ

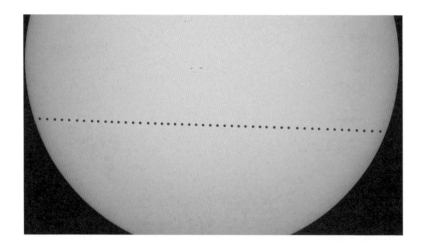

2016년 5월, 태양 관측 망원경으로 바라본 수성이 태양 원반 앞을 가리고 지나가는 모습. 태양을 가리는
작은 수성의 실루엣이 흘러가는 모습을 볼 수 있다.ⓒ NASA / SDO

는 일면 통과 현상은 달, 수성, 금성의 궤도가 지구와 태양 사이로 들어올 때만 운 좋게 경험할 수 있다. 가장 최근에 있었던 수성의 일면 통과는 2016년 5월에 있었는데, 아쉽게도 그 시간 우리나라는 태양이 땅 아래로 사라진 밤이었다. 그래서 지구 반대편 사람들만 그 귀한 장면을 즐길 수 있었다.

이처럼 지구의 시야를 가리고 그 뒤 별빛을 가리는 현상은 태양계 바깥 다른 별 주변에서도 일어날 수 있다. 이 역시 그 외계행성이 중심별 앞을 가리고 지나가는 궤도면이 우리 지구의 시야에 딱 들어올 때만 관측이 가능하다. 특히 별 주변을 맴도는 외계행성들은 일정한 주기를 따라 규칙적으로 궤도를 돈다. 만약 그 궤도면이 별을 바라보는 지구의 시야로 지나간다면, 멀리 외계의 별 앞으로 작은 행성이 시야를 가리면서 별빛을 조금 가리는 일종의 외계 별면 통과, 트랜짓Transit을 볼 수 있다. 따라서 일정한 주기를 갖고 규칙적으로 별빛이 어두워졌다가 다시 밝아지는 변화를 반복한다면 높은 확률로 그 곁에 외계행성이 맴돌고 있다고 의심할 수 있다.

물론 별빛의 밝기가 변하는 변광 패턴Light variation pattern이 있다고 해서 그 트랜'짓'이 정말 외계행성의 '짓'이라고만 단정할 수는 없다. 가스 덩어리인 별 자체가 일정한 주기로 수축과 팽창을 하면서 밝기가 변하기도 하고, 행성이 아닌 다른 별이 그 곁에서 함께 맴도는 쌍성Binary star에서도 별에 의한 트랜짓이 발생한다. 그러나 외계행성에 의한 트랜짓만이 갖는 아주 명확한 특징이 있다. 보통 행성은 별에 비해서 아주 작은 크기를 갖는다. 우리 태양의 지름은 지구 지름의 무려 100배나 된다. 태

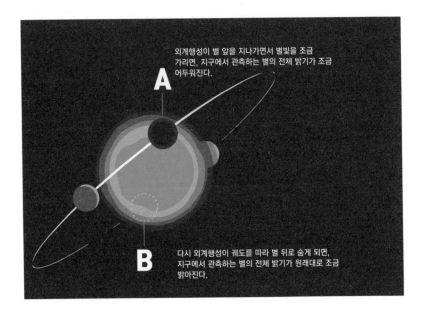

멀리 떨어진 별 곁에서 중심별을 도는 외계행성은 주기적으로 별 앞을 가리고 지나가게 된다.

양이 우주 전체 별들 중에서 그리 큰 편이 아니라는 것을 감안할 때, 훨씬 더 거대한 별과 그 옆의 행성들의 상대적인 크기 차이는 더 어마어마할 것이라고 생각할 수 있다. 따라서 외계행성의 트랜짓에 의해 가려지는 별의 밝기 변화 정도는 다른 현상에 비해서 아주 미미하다. 게다가 행성은 스스로 빛을 내지 않기 때문에, 행성이 별 앞을 가리는 순간 별의 밝기는 뚝 감소하고, 행성이 별 앞에서 벗어나면 다시 쭉 올라간다. 그와 달리 스스로 빛을 내는 별이 다른 별을 가리는 쌍성이나 별 자체가 팽창과 수축을 반복하는 경우에는 밝기 변화가 급하지 않고 부드럽게 그려진다.

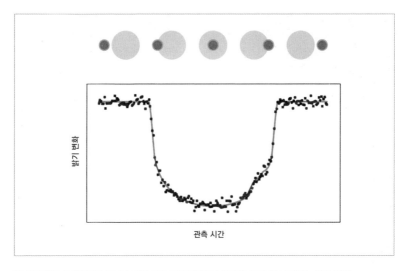

별 주변에서 외계행성이 궤도를 따라 돌면서 주기적으로 별빛을 가릴 때 나타나는 밝기 변화.
외계행성이 별빛을 가리기 시작하는 순간 급하게 별빛의 밝기가 어두워지고, 외계행성이 별의 얼굴을
지나는 동안 어두운 밝기가 일정하게 유지되다가 다시 외계행성이 별 앞을 벗어나면서 밝기가 급하게
증가한다.

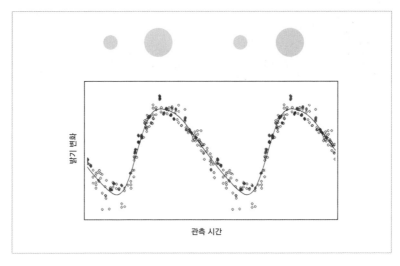

별 자체가 부풀어 올랐다가 다시 수축하면서 밝기가 변화하는 경우, 외계행성에 의한 밝기 변화와 달리
밝기가 부드럽게 증가했다가 다시 부드럽게 감소하는 패턴을 그린다.

태양 표면에 나타난 흑점의 모습. 태양을 비롯한 우주의 많은 별들 표면에서도 이러한 흑점이 나타날 것으로 추측한다.ⒸNASA / SDO

따라서 미미한 밝기 변화가 갑자기 발생하는, 즉 U자 형 패턴을 그리는 변화가 관측된다면 그것은 외계행성의 짓이라고 유추할 수 있다.

사실 별 자체의 변광보다 더 천문학자들을 곤란하게 한 것은 별 표면에 검게 얼룩진 흑점Starspot의 장난이다. 우리 태양 표면에도 상대적으로 다른 곳에 비해 온도가 낮아서 마치 검버섯처럼 보이는 얼룩이 있다. 태양의 활동이 활발해지는 주기가 오면 그 흑점의 수는 늘어나고, 활동이 다시 감소하는 시기가 오면 흑점은 줄어든다. 이런 검은 얼룩은 다른 별 표면에도 있다. 게다가 별들은 가만히 있지 않고 일정한 주기로 자전한다. 따라서 별 표면에 묻은 흑점도 별의 자전과 함께 돌면서, 우리가 별을 바라볼 때 그 시야에서 흑점이 보였다가 사라지기를 반복한다. 이는 마치 별 앞을 어두운 외계행성의 뒤통수가 지나는 것과 같은 착각을 하게 만든다. 하지만 보통 별의 자전은 곁을 맴도는 외계행성의 공전주기에 비해 훨씬 느리기 때문에 어느 정도 구분할 수 있다. 또한 흑점은 계속 한 장소에서 똑같은 크기로 유지되지 않고 별의 활동성에 따라 개수와 크기가 변하기 때문에, 외계행성에 의한 규칙적인 밝기 변화와는 다른 양상을 그린다. 덕분에 곁에 외계행성이 있는 척 연기를 하고 있는 사기꾼 외계행성Exoplanet imposter 천체들을 솎아낼 수 있다.

외계행성의 편안한 명당자리

이제 외계행성의 존재를 확인했으니, 그곳의 환경이 어떠한지를 추측하는 과제가 남았다. 미지 세계의 환경을 결정하는 가장 기본적인 요소는 그곳이 얼마나 뜨거운지 혹은 차가운지를 보여주는 평균기온이다. 특히 생명의 가장 중요한 요소라고 할 수 있는 물이 액체 상태로 존재할 수 있는 적당한 온도인지가 관건이다. 우리 몸속 혈액, 분비물은 모두 물을 타고 돌아다닌다. 우리와 비슷하게 진화한 고등생물이 살기 위해서는 액체 상태의 물이 있어야 할 것이다. 온도가 너무 낮으면 모두 얼어붙고, 너무 높으면 모두 메말라버린다.

외계행성의 평균기온을 결정하는 요인은 중심별의 밝기와 그 별에서 떨어진 거리다. 태양에 비해 훨씬 작고 왜소해서 미지근한 별이라면 그 옆에 조금 더 가까이 다가가야 충분한 열을 받을 수 있을 것이다. 반대로 태양보다 훨씬 더 뜨거운 별 곁을 맴돌고 있다면 더 멀리까지 도망가야 액체 상태의 물을 온전하게 가질 수 있다. 각 온도에 해당하는 별 주변에서 액체 상태의 물을 보존할 수 있는 범위, 즉 외계행성들의 명당자리를 거주가능지역Habitable zone 또는 골디락스 존Goldiraks zone이라고 한다. 골디락스는 동화 속에 나오는 주인공 소녀의 이름이다. 그 괴상한 동화에서 주인공 골디락스는 곰 가족의 빈 집에 무단침입을 한다. 배가 고팠던 소녀는 엄마, 아빠, 아기 곰의 수프 세 그릇을 발견하고 한 입씩 떠 먹는다. 그런데 하나는 너무 뜨겁고 하나는 너무 식어서 먹기 힘들었다. 소녀는 딱 적당한 온도를 유지하고 있는 수프를 골라 맛있게 먹는다. 여기에서 너무 뜨겁지도, 차갑지도 않은 딱 적당히 따뜻한 온도의 개념을 따와서, 평균기온에 근거한 외계행성의 명당자리를 골디락스 존이라고 부르게 되었다.

2009년 발사된 케플러 우주망원경Kepler Space Telescope은 별 앞을 가리고 지나가는 외계행성의 실루엣을 포착한다. 백조자리 방향의 작은 하늘을 계속 주시하면서 별 앞으로 외계행성이 지나가며 아주 살짝 그러나

급격하게 밝기가 어두워졌
다가 밝아지는 밝기 변화
패턴을 그리는 별이 있는
지 확인한다. 사실 케플러
우주망원경이 올라간 직후
까지 대부분의 천문학자들
은 케플러의 그림자 사냥
법에 큰 기대를 하지 않았
다. 행성이 별빛을 가리는
정도는 미미하고, 또 그 행
성의 궤도가 딱 별 앞을 지
나가는 경우에만 볼 수 있

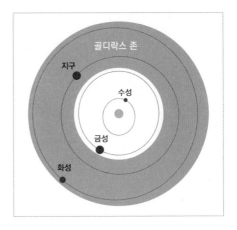

우리 태양 주변에 그려지는 생명거주가능 지역 '골디락스
존'의 범위. 태양에 너무 가깝지도, 멀지도 않은 적당한
거리를 두고 있는 지구는 생명거주가능 지역에 딱 들어와
있다.

는 현상이기 때문이다. 그런데 케플러 우주망원경은 그런 걱정을 뒤엎고
아주 놀라운 발견들을 연이어 보고하고 있다.

　　케플러 우주망원경은 발사 이후 불과 10년이 안 되는 시간 동안
3000개가 넘는 외계행성과 후보 천체를 발견했다. 이는 이전까지 다른
방법으로 외계행성을 찾던 것과는 차원이 다른 기록이다. 외계행성 탐사
의 역사는 케플러 우주망원경 이전과 이후로 나뉜다고 해도 과언이 아니
다. 케플러 우주망원경의 그림자 사냥법은 단순히 그 행성의 존재뿐 아
니라 행성의 프로필에 대한 여러 힌트까지 제공한다. 우선 별 자체를 관
측하면 그 별이 어느 정도 온도로 빛나는지를 알 수 있다. 그리고 그 곁의
외계행성이 지나가면서 만드는 밝기 변화가 얼마나 자주 일어났는지를

지구 바깥 우주에 올라가 외계행성의 실루엣을 사냥하는 케플러 우주망원경.©NASA

보면, 그 외계행성이 별을 한 바퀴 도는 데 얼마나 긴 시간이 걸리는지, 공전주기를 알 수 있다. 앞서 설명했던 중세의 천문학자 케플러가 발견한 행성의 궤도주기와 궤도 반지름 사이의 조화로운 수학법칙을 이용하면, 그 외계행성이 중심별에서 얼마나 떨어져 있는지, 둘 사이의 거리도 알 수 있다. 결국 각 외계행성이 어느 정도로 뜨거운 별을 얼마나 멀리 떨어져서 돌고 있는지를 알게 되고, 그 외계행성의 평균기온을 유추할 수 있다. 이 결과를 통해 물이 액체 상태로 존재할 수 있는 명당자리의 범위에 있는지 여부를 확인한다. 수 세기 전 행성 궤도의 역학관계를 밝혀냈던 중세의 케플러, 그리고 현대에 와서 우주망원경으로 부활한 케플러. 두 케플러의 화려한 콜라보가 펼쳐지고 있다.

외계행성이 별 앞을 가리는 트랜짓이 진행되는 동안 관측되는 별빛의 세기가 얼마나 어두워졌는지를 재면 행성 실루엣의 크기도 알 수 있다. 즉, 외계행성의 머리통 크기, 지름을 잴 수 있는 것이다. 이를 통해 그 외계행성이 지구나 화성처럼 아담한 소두 행성인지, 아니면 목성이나 토성처럼 커다란 대두 행성인지를 구분할 수 있다. 케플러 우주망원경의 관측 결과를 통해 천문학자들은 지금까지 지구와 비슷한 환경으로 추정되는 외계행성을 수십 개나 발견했다. 물론 아직은 그곳까지 직접 찾아갈 수 있는 우주여행 기술은 없지만, 만약 케플러 우주망원경의 발견이 사실이라면 당장 머지않은 미래에 그곳으로 이주해서 감자 농사를 지을 수도 있다는 뜻이다.

하지만 공교롭게도 케플러 우주망원경의 방법으로 발견된 대부분의 행성은 목성 정도로 크기가 큰 가스행성이었다. 게다가 중심별에 가

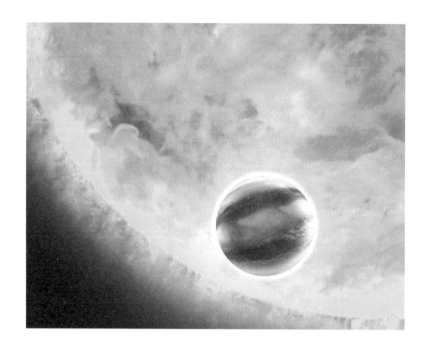

중심별에 가까이 달라붙어 돌고 있는 목성형 가스행성의 상상도. 케플러 우주망원경의 외계행성 실루엣 사냥법으로 가장 잘 포착되는 행성은 별에 바짝 붙어서 돌고 있는 거대한 가스행성인 뜨거운 목성 종류다. ©NASA / ESA

까이 달라붙어서 온도가 높은 뜨거운 목성Hot jupiter 종류의 행성이다. 행성의 크기가 커야 밝기 변화가 조금 더 뚜렷하고, 별에 가까이 붙어 짧은 주기로 밝기 변화를 일으켜야 더 쉽게 관측할 수 있기 때문일 것이다. 그런데 우리 태양계만 보면 목성과 토성을 비롯한 지구보다 훨씬 큰 가스행성들은 모두 태양에서 아주 멀리 떨어진 외곽에 놓여 있다. 현존하는 태양계 형성 모델에 따르면, 별이 처음 만들어지고 그 주변에 부스러기들이 모여서 행성이 만들어질 때 상대적으로 열에 약한 가스물질은 태양 가까이에서 모두 날아가고 뭉치지 못한다. 즉, 태양에서 멀리 떨어진 변두리에서만 가스가 모여서 지금의 가스행성들이 만들어질 수 있었다는 주장이 있는데, 이 가설을 바탕으로 하면 케플러 우주망원경이 발견한 꽤 많은 수의 뜨거운 목성 타입 외계행성들, 즉 커다란 가스행성이 어떻게 중심별에 바짝 달라붙어 돌고 있는지 설명하기 어렵다. 그래서 현재 천문학자들은 이런 뜨거운 목성들도 처음에는 멀리 변두리에서 만들어졌지만 시간이 지나면서 어떤 이유에 의해 별 가까이로 옮겨졌다고 추측한다. 물론 아직은 정확하게 뜨거운 목성들의 정체가 풀리지는 않았다. 어찌 보면 케플러 우주망원경은 우리가 기다리던 지구를 닮은 외계행성들, 지구의 친구들이 존재한다는 반가운 소식뿐 아니라, 한편으로는 뜨거운 목성이라는 다시 해결해야 할 새로운 과제를 쥐여준 셈이다.

아니, 엔지니어 양반. 그게 무슨 소리요?

하지만 이렇게 종횡무진 외계행성들을 사냥하던 케플러 우주망원경으로부터 2012년과 2013년에는 아주 좋지 않은 소식이 전해졌다. 케플러 우주망원경 내부에 설치되어 망원경의 자세를 제어하는 휠 장치가 고장 나면서 한동안 작동을 멈추게 되었다는 것이다. 아무런 고정장치도 없는 광활한 우주 공간에서는 작은 충돌에도 망원경이 크게 흔들리고 걷잡을 수 없는 상황으로 치달을 수 있다. 더군다나 희미한 빛을 감지하기 위해 오랫동안 한 방향을 쭉 주시하면서 빛을 모아야 하는 관측기술의 특성상, 더 이상 자세를 제어하지 못하게 된 케플러 우주망원경은 이제 곧 우주 쓰레기가 될 수도 있다는 것을 의미했다. 허블 우주망원경처럼 지구 가까이 저궤도를 도는 경우, 영화 〈그래비티Gravity〉에서처럼 우주 왕복선을 타고 올라가 수리할 수 있다. 그러나 케플러 우주망원경은 훨씬 더 먼 곳에 놓여 있다. 태양과 지구 사이 거리만큼 태양에서 떨어져 지구와 비슷한 궤도를 도는, 인공위성이 아닌 일종의 인공행성이라고 볼 수 있다. 그래서 케플러 우주망원경을 수리하기 위해 우주인을 보낼 수가 없다. 원인을 알 수 없는 휠 장치의 고장으로 인해 결국 케플러 우주망원경은 더 이상 한곳을 오래 바라볼 수 없는 관측 불능 상태가 되었다.

우주망원경으로서의 매력을 다한 케플러 우주망원경의 부고를 전하면서 케플러 연구팀은 잠정적으로 미션 중단을 발표했다. 그러나 불행 중 다행으로 이미 너무도 많은 별들을 관측한 덕분에, 새로운 관측을 더 이상 하지 못해도 아직 처리하지 못한 데이터가 산더미였다. 고장이 나기 전까지 대활약을 해준 케플러 우주망원경의 유훈인 셈이다. 더 이상 작동하지 못하는 망원경이 아직 품고 있는 미처리 데이터를 분석하면서 연구팀은 새로운 외계행성의 발견이 쉬지 않고 이어지는 '웃픈' 시간을 보냈다.

그런데 2013년 천문학자들은 케플러 우주망원경을 다시 회생시키는 두 번째 미션, K2 미션 계획을 발표했다. 비록 자세를 제어하는 휠 장치는 고장났지만, 그것을 대신해 태양에서 불어 나오는 태양풍Solar wind의 흐름을 잘 타서 자세를 제어하는 묘안이었다. 태양은 쉬지 않고 주변

공간을 향해 아주 빠르고 강한 물질과 에너지를 토해낸다. 태양풍이라고 부르는 그 에너지의 흐름은 지구 궤도를 넘어서 태양계 끝자락까지 위력을 행사한다. 만약 그나마 남아 있는 다른 장치로 적당히 방향을 틀어서 각진 케플러의 옆모서리에 딱 맞춰, 그 모서리의 오른쪽과 왼쪽에 똑같은 세기의 태양풍이 불어오도록 조절한다

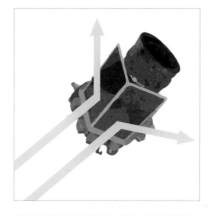

천문학자들은 임시방편으로 케플러 우주망원경의 각진 태양판 모서리의 양쪽으로 태양풍의 세기가 똑같이 불어오도록 조절했다.

면, 부족한 휠 장치를 대신해 케플러 우주망원경의 자세를 안정적으로 유지할 수 있다.

하지만 아쉽게도 처음처럼 백조자리 주변의 한 방향만 쭉 응시하도록 할 수는 없다. 그 대신 태양풍을 활용하는 이 기발한 아이디어를 이용해 케플러 우주망원경이 크게 흔들리지 않고 태양을 기준으로 계속 같은 각도로 일정하게 기울어진 채 주변 별들을 관측할 수 있다. 궤도를 돌면서 매 순간 포착했던 각 별들의 영상을 모은 뒤 같은 별의 사진을 여러 장 합쳐서 분석한다면, 마치 그 별만 오래 바라본 것과 같은 효과를 얻게 된다. 물을 젓는 노가 망가진 배를 어떻게든 살려보겠다고 해류 방향에 뾰족한 선미 중심을 맞춰 배의 방향을 잡는 것과 비슷한, 끈기 좋은 천문학자들의 애잔한 노력이었다. 이제는 오래된 가구, 다 헐은 옷을 리폼하

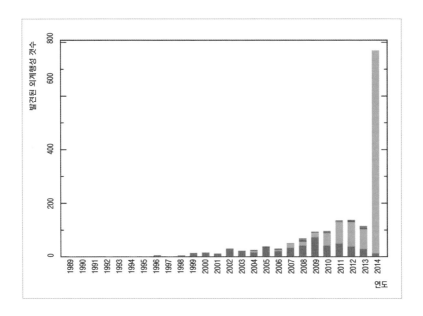

지금까지 해마다 발견된 외계행성의 수를 정리한 그래프. 여기서 녹색 부분이 케플러 우주망원경이 사용하는 외계행성 실루엣 사냥법으로 확인한 외계행성의 수를 의미한다. 다른 방법에 비해 월등히 효율적으로 외계행성을 발견하고 있다.ⓒNASA / JPL-Caltech

는 수준을 넘어 우주 공간에 버리게 될 줄만 알았던 우주망원경까지 리폼해서 쓰는 시대가 된 것이다. 그 발표를 전해 들었을 때 나는 온라인에서 흔히 쓰는 말로, 정말 인류의 기술이 '아스트랄Astral'한 수준에 다다른 것 같은 경이로움을 느꼈다.

기사회생한 케플러 우주망원경의 두 번째 삶, K2 미션은 연료가 모두 사라지는 2018년까지 연장되었다. 정말 대단하게도 케플러 우주망원경은 이 두 번째 미션을 성공적으로 수행하면서 계속하여 많은 소식을 전해주고 있다. 현대 천문학에서 케플러 우주망원경이 갖는 의미는 단순히 새로운 외계행성을 많이 발견했다는 것뿐이 아니다. 바로 외계행성의 실루엣을 관측하고, 그것을 통해 그 환경까지 유추하는 아주 섹시한 그림자 사냥법을 검증했다는 데 진짜 의미가 있다. 과거 많은 천문학자들의 걱정과 달리 케플러 우주망원경은 보란 듯이 큰 성과를 얻었다. 곧 은퇴를 앞두고 있는 케플러 우주망원경의 뒤를 잇게 될 차세대 우주망원경, 그리고 현재 건설 중인 초거대 지상 망원경들은 이제 케플러를 따라서 그 똑같은 방법으로 외계행성을 새롭게 발견할 준비를 하고 있다. 불과 10여 년 전까지만 해도 천문학자들 스스로도 확신하지 못했던 이 방법이 이제는 천문학계에서 가장 각광받는 외계행성 사냥법으로 자리매김했다.

그동안 발견된 지구를 닮은 또 다른 세계, 그곳에도 우리와 같은 외계인 천문학자들이 살고 있지는 않을까? 우리 지구가 그러하듯, 자신의 별 주변에서 너무 가깝지도 멀지도 않은 명당 궤도를 돌고 있는 운명에 고마워하면서, 자신들의 세계를 닮은 또 다른 외계행성이 있지 않을까 상상하고 연구하고 있을지도 모른다. 어떤 세계에서는 우리 지구도 그들의 외계행성 관련 논문 속 그래프의 한구석을 차지하고 있지는 않을까? 우리도 그들을 찾고, 그들도 우리를 찾는다. 어쩌면 이미 오래전 우리의 케플러 우주망원경과 외계인들은 아이 컨택을 했을지도 모른다. 외계행성으로 바글바글한 이 우주의 영화는 이미 시작되었다.

빅 뱅 의
순 간 이
재현되는
지하야구장

우주의 '플레이'를 보여주는 진짜 광속구

20:00

밝은 조명과 관중들의 환호 아래 멋진 야구 경기가 한창 진행 중이다. 투수가 던진 공이 타자의 배트에 딱! 하고 맞아 날아가는 순간 관중과 선수, 대기석의 스탭까지 모두의 시선이 그 작고 하얀 야구공을 향한다. 배트를 집어던지고 빠르게 1루로 달리는 타자와 공을 받아내기 위해 글러브를 뻗는 수비수들을 보면서 우리는 흥분하고 탄성을 지른다. 또한 응원팀 투수가 던지는 빠른 공에 상대팀의 타자들이 헛스윙하는 것을 보며 쾌감을 느끼기도 한다. 투수가 던진 공의 빠른 속도는 다른 선수에 의해 기록이 경신되면서, 치열하게 광속구 경쟁이 펼쳐지기도 한다. 광속구는 말 그대로 마치 빛의 속도만큼, 눈에 보이지 않게 아주 빠른 속도로 던지는 공이다. 그런데 야구장보다 훨씬 더 거대한 지하, 말 그대로 빛의 속도로 광속구를 던지고 그것을 다시 되받아 치는, 지구에서 가장 격렬한 스포츠가 펼쳐지는 현장이 있다. 매순간 진짜 광속구가 부딪치고 으스러지며 그 파편이 나뒹구는 모습에 환호하는 물리학자로 가득한 지하의 위험한 익스트림 스포츠 현장, 바로 스위스 제네바에 위치한 유럽입자물리연구소CERN, Conseil Européen pour la Recherche Nucléaire의 거대한 강입자 충돌기LHC, Large Hadron Collider다.

우주에서 가장 격한 스포츠, 입자 깨부수기

광속구들이 날아다니는 이 거대한 지하 야구장이 지어진 이유는 바로 우주에서 약 130억 년 전에 있었던 빅뱅의 순간을 간접 체험하고 싶은 물리학자와 천문학자들의 '위험한' 욕망 때문이다. 우주라는 이 거대한 시공간 자체가 점점 팽창하면서 그 안에 놓인 은하와 은하 사이의 거리가 멀어지고 지금까지 우주 전체 온도는 꾸준히 식어오고 있다. 이 이론에 따라 그대로 시간을 거슬러 올라가면, 과거의 우주는 지금보다 훨씬 더 물질이 밀집되고 온도가 아주 높은 고온·고밀도의 우주였다고 추측할 수 있다. 지금의 우주는 혼자 어둑한 길을 거니는 한적한 공원 같지만, 과거의 초기 우주는 뜨겁게 몸을 부비며 날뛰는 사람들 사이에서 후끈한 열기로 가득한 페스티벌 현장이라고 볼 수 있다. 결국 기존의 빅뱅 이론을 쭉 거슬러 올라가면 우주라는 시공간 자체가 더 이상 작아질 수 없는 한계, 수학적으로 더 작아질 수 없는 원시 상태에 도달한다.

우주가 빅뱅을 겪은 직후 팽창하면서 첫 번째 숨통이 트이는 순간, 우주에는 아직 뚜렷한 원자핵, 전자조차 하나도 없었다. 사람들은 이 세 상을 구성하는 많은 물질들의 가장 기본단위를 원자, 혹은 원자를 이루 는 원자핵과 전자 정도로 생각한다. 하지만 현대물리학이 밝혀낸 이 우 주 속 미시세계의 진짜 주인공은 원자핵도 전자도 아닌 그보다 더 작은 입자들이다. 그 더 작은 입자들이 뜨겁고 밀도가 아주 높은 빅뱅 직후, 몇 초에서 몇 분간 초기 우주를 가득 채우고 있었다. 초기의 우주는 원자핵 과 전자를 이루는 더 작은 입자들로 채워진 뜨거운 수프였다. 그리고 점 점 그 수프를 담고 있는 우주라는 그릇, 시공간이 팽창하면서 수프가 건 조해지고 식어가기 시작했다. 약 130억 년의 시간을 거친 끝에 작은 응 어리들이 반죽되면서 원자가 되고, 그 원자가 모여 별과 은하, 그리고 행 성과 생명을 만들었다.

그렇다면 눈으로도, 현미경으로도 볼 수 없는 원자핵보다 더 작은 구성요소들의 존재는 어떻게 확인할까? 원자핵과 전자를 구성하는 더 작은 미시세계의 진짜 주인공은 크기가 작고 서로를 끌어당기는 접착력 도 아주 강해서 그들을 하나하나 떼어내 직접 관찰하기는 아주 어렵다. 그래서 천문학자와 물리학자들은 다소 폭력적인 방법을 택했다. 바로 원자핵, 전자들을 아주 빠르게 내던져서 서로를 충돌시켜 깨부수는 것 이다.

만약 스마트폰이 어떤 부품으로 만들어졌는지 너무 궁금해서 미칠 지경이라면? 그런데 아무리 봐도 뚜렷한 절단선이 없고, 분리할 때 쓸 도 구도 없다면? 어쩔 수 없다. 스마트폰을 바닥에 내던지거나 망치로 때리

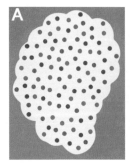

A

우주 초기에는 원자보다 더 작은 아주 작은 입자들이 한데 모여 펄펄 끓고 있는 입자 수프와 같은 상태였다.

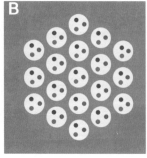

B

서서히 우주가 팽창하고 온도가 식어가면서 원자핵을 먼저 만들었다.

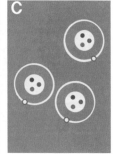

C

우주의 온도가 더 식어간 이후, 앞서 만들어진 원자핵 주변에 전자가 포획되면서 우주에서 가장 간단한 수소 원자가 처음 만들어졌다.©CERN

는 수밖에. 그렇다. 깨부숴야 한다! 한때는 스마트폰이었을 그 물건이 깨지면서 사방으로 파편이 튀어나가고 그 속에 있는 작은 부품들도 여기저기로 날아간다. 한참을 신나게 깨부수고 나서 정신을 차리면 스마트폰을 구성하고 있는 다양한 부품들의 잔해가 방 안 가득히 펼쳐져 있을 것이다. 이제 궁금증은 해결되었다. 물론 이미 다음 스마트폰을 구매할 계획이 있다면 추천하는 방법이다.

　　이처럼 현대물리학에서도 아이디어 자체는 아주 직관적이고 다소 저돌적으로 보이는 방법을 택했다. 원자핵과 전자의 안쪽은 또 무엇으로 이루어졌는지 궁금하다면? 아주 빠른 속도로 던져서 깨부수면 된다. 다만 이들의 크기가 아주 작아서 직접 손으로 집어 던지거나 대포에 장전해 발사할 수는 없다. 스위스 제네바 지하에는 마을 여러 개를 아우

제네바의 지하에는 길이 27km의 거대한 레일로 이어진 강입자 충돌기가 설치되어 있다.ⓒCERN

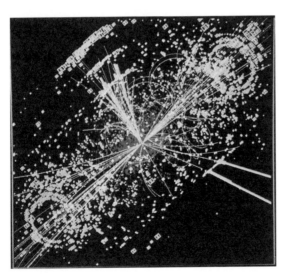

강입자 충돌기 안에서 입자들이 충돌하면서 주변에 흩뿌린 에너지의 파편. 안에 설치된 검출기가
사방으로 흩어지는 작은 소립자들의 궤적을 추적할 수 있다.ⓒCERN

르는 크기의 아주 거대한 27*km* 둘레의 원형 레일이 깔려 있다. 그리고 둥근 레일을 따라 작은 입자들을 여러 바퀴 계속 돌린다. 입자들은 계속 빙글빙글 돌면서 거의 빛의 속도에 가까워질 때까지 속도를 얻는다. 마치 쥐불놀이를 할 때 계속 빙글빙글 돌리면서 더 빠르게 속도를 올리는 것과 같다. 이렇게 빨라진 입자들이 부딪칠 때 그 현장에서 나오는 구성 물질들의 파편을 감지하고, 우주를 구성하는 아주 작은 입자들, 즉 소립자 Elementary particle의 존재를 확인할 수 있다.

더 엄밀하게 이야기하면 그 소립자를 직접 눈으로 확인한다기보다는 충돌 현장 주변에 설치한 관중들 검출기들이 격하게 흥분하는 것을 통해 간접적으로 그 존재를 확인하는 것이다. 입자가속기에서 검출기들의 반응을 지켜보며 기다리는 물리학자들은 마치 눈을 감고 야구 관중석에 앉아서 야구 경기를 관람하는 것과 비슷하다고 볼 수 있다. 눈을 감으면 당연히 투수가 던진 공이 배트에 맞는지, 그리고 어디로 날아가는지 직접 볼 수 없다. 하지만 배트로 공을 때리는 시원한 타격 소리, 공이 날아가는 방향의 관중석에서 들리는 함성 소리를 통해 그 경기 상황을 간접적으로 유추하고 공이 어디로 날아갔는지, 홈런인지 아닌지를 추측할 수 있다.

이런 소립자들의 경쾌한 타격과 파편의 흔적, 검출기들의 격한 리액션을 통해 현대물리학은 모든 물질을 이루는, 원자핵과 전자보다 훨씬 더 작은 소립자, 쿼크Quark의 존재를 알아냈다. 그리고 그 쿼크들은 핵력이라는 종류의 강한 힘으로 달라붙은 채 원자핵과 전자를 구성하고 있다. 원자가 벽돌이라면 쿼크는 그 벽돌을 이루는 더 작은 돌가루라고 볼 수 있다. 쿼크를 확인하기 전까지 우리는 우주를 구성하는 벽돌까지만 더듬어봤지만, 이제는 더 난폭한 방법으로 벽돌과 벽돌을 깨부수면서 돌 가루의 존재까지 확인했다. 그리고 우리는 벽돌이 반죽되기 전 펄펄 끓 는 돌가루 수프 같았던 빅뱅 직후의 우주를 상상할 수 있게 되었다.

일부 사람들은 유럽입자물리연구소의 이런 거대 강입자가속기가 지구를 멸망시킬 수도 있는 인류 최후의 흉물이라는 억측을 하기도 한 다. 이 기계 속에서 빅뱅의 순간 자체를 재현한다고 오해했기 때문이다. 지구 위에서 우주가 탄생하는 빅뱅을 재현하면서 지구를 날려버릴 수도 있기 때문에 입자가속기를 통한 연구를 중단해야 한다는 굉장히 황당한 주장은 한때 세상에 널리 퍼져 있었다. 하지만 정확하게 이야기하면 이 입자가속기는 빅뱅 직후 초기 우주에 존재했을 것으로 추측되는 우주의 진짜 기본단위인 소립자들의 존재를 확인하기 위해서 입자들을 던지고 깨부수는 것뿐이다. 빅뱅 순간을 재현하는 것이 아니라 빅뱅 직후 고온· 고밀도의 우주를 가득 채우고 있었을 수프의 재료를 꺼내는 것이다. 그 것을 통해 물리학자와 인류를 흥분시키는 것, 그것이 바로 입자가속기의 진짜 목적이다.

그런 점에서 이 거대한 입자가속기에서 벌어지는 일련의 실험은 일종의 익스트림 스포츠라고 할 수 있다. 매일 저녁 생중계되는 야구 경 기의 목적이 단순히 야구 선수들의 체력 강화, 배트와 야구공의 접촉이 아니라, 관중들의 아드레날린을 자극해서 모두를 흥분시키고 그 시간을 즐겁게 하는 데 있는 것처럼, 입자가속기의 목적도 단순히 입자의 충돌 에 있는 것이 아니라, 그 충돌의 파편과 검출기 신호를 통해 인류가 우주

의 과거, 모든 것이 탄생했던 첫 순간에 다가가면서 지적·학문적 발견을
하는 것에 있기 때문이다.

1회초, 우주 팽창의 첫 등판

우주는 우리가 현재 존재하며 살아가는 시간과 공간 그 자체를 의미한
다. 가끔 우주가 있기 이전에는 무엇이 있었는지, 우주 바깥에는 무엇이
있는지에 대한 질문을 받을 때가 있다. 그러나 이는 아쉽게도 천문학적
으로 답할 수 없는 질문이다. 우리가 수학에서 집합 문제를 풀 때 전체
집합 U 속의 작은 부분집합 A나 B에 대해서만 고려할 뿐 전체 집합 U
바깥에 있을 종이 위 공백에 대해서는 논하지 않는 것처럼, 우주 그 자체
가 시간과 공간을 모두 아우르는 전체집합이기 때문에 천체물리학적으
로 우주 그 이전의 시간이나 우주 이외의 바깥에 대한 상상은 무의미하
며 논하기도 어렵다. 따라서 천문학자에게 우주를 묻는다면, 빅뱅이 있
고 나서 그 이후의 이야기만 들을 수 있다. 야구 경기는 1회초부터 시작
하기 때문에 모든 야구 중계는 그 이후의 이야기만 다룰 뿐, 1회초가 시
작하기 전 상황을 묻는 것은 우문이 되는 것처럼, 우주는 빅뱅 이후부터
진행되는 역사다.

　빅뱅 직후 10^{-32}초 후에는 온도가 너무 높았기 때문에 사실상 물질
과 에너지의 구분이 무의미했다. 뜨거운 우주 시공간에 녹아 있는 미립
자들은 서로 부딪치면서 반죽하고 소멸하는 반응을 반복했고, 물질과 에

너지 상태를 왔다갔다 했다. 시간이 아주 조금 지난 빅뱅 직후 10^{-9}초 후에는 점점 팽창하는 우주의 시공간의 크기가 약 10억km에 달하면서, 소립자들이 물질과 에너지 상태를 왔다갔다 하는 상태 변화가 더 이상 일어나지 않았다. 이제 입자로 반죽된 쿼크들은 더 이상 에너지로 바뀌면서 사라지지 않고 우주를 구성하는 미립자로 안정된 상태를 유지했다. 그리고 조금씩 주변에 비슷한 친구들을 모았다. 비로소 빅뱅 직후 1초 후가 되었을 때, 쿼크들은 서로 강한 접착력으로 뭉치면서 우주의 첫 번째 원자핵을 만들었다. 그리고 그 주변에 전자를 하나씩 포획하면서 우주에서 가장 간단하게 생긴 원자, 수소를 만들었다.

주기율표 1번의 자리를 차지하고 있는, 우주에서 가장 가볍고 단순한 수소는 우주에 가장 많은 성분이기도 하다. 이 수소는 우주가 태어나던 순간 우주 전역에서 만들어지고 우주를 가득 채웠다. 그보다 더 무거운 원소를 만들기 위해서는 수소 원자핵들을 서로 반죽해서 더 무거운 다음 원자핵을 만드는 핵융합 반응이 필요하다. 우주의 75%를 차지하는 수소는 우리가 마시는 물 분자도 구성하고, 태양 같은 별을 구성하기도 한다. 우리은하 전역에는 중성 수소가스가 가득 채워져 있고, 은하와 은하 사이에도 눈에는 보이지 않는 수소가스 구름으로 연결고리가 이어져 있다. 이처럼 수소는 우주가 시작하는 순간부터 지금까지 무려 약 130억 년의 역사를 우주의 진화와 함께해왔다. 지금 우주와 태양계, 그리고 우리 주변에 존재하는 수소의 대부분은 사실 우주에서 가장 오래된 초고대 조상님의 화석이라고 볼 수 있다. 우리 손끝에 우연히 수소 원자가 스쳐 지나간다면, 우리는 바로 빅뱅 직후 1초 만에 만들어졌던 우주의 시작을 만지는 셈이다.

9회말, 의문의 마무리 투수

이렇게 만들어진 우주는 앞으로 어떤 운명을 걷게 될까? 현재 천체물리학이 예측하는 우주의 역사는 한 가지 흥미로운 특징을 보인다. 바로 아주 작은 소립자에서 출발해서 다시 소립자로 돌아가는, 마치 윤회와 같은 거대한 순환의 역사를 따라갈 것으로 예측되는 것이다. 별 하나의 역사만 봐도 큰 가스구름이 뭉쳐서 잠시 별의 삶을 살다가 진화의 마지막 단계에서 폭발하면서 우주 공간의 가스구름으로 되돌아간다. 우주 시공간 자체도 그러한 순환의 삶을 따라간다고 생각하면 굉장히 오묘한 느낌이 든다. 하지만 1회초 우주와 9회말 우주에는 약간의 차이가 있다.

　빅뱅 직후 플레이를 시작했던 우주는 아주 뜨겁고 밀도가 높았다. 그래서 모든 물질이 일반적인 상태로는 존재하지 못한 채 에너지와 물질의 상태를 오고가는 혼돈의 시대였다. 소멸과 생성을 거듭하면서 입자가 생겼다가 사라지기를 반복했고, 이후 조금씩 우주의 크기가 커지고 평균 온도가 식어가면서 안정을 찾았다. 지금도 우주는 계속 팽창하고 있고, 현재 전체 평균온도가 대략 3K가 될 만큼 아주 차갑게 식었다. 그런데 문제는 앞으로 우주가 어떤 플레이를 하게 될지에 대한 답을 우리가 정확히 모른다는 것이다. 우리가 경험한 우주의 플레이는 이번 첫 번째 경기 딱 한 번뿐이다. 그래서 과거 우주가 보여줬던 다른 경기들을 분석하면서 어떤 타격 성적을 갖고 있는지, 또 다른 빅뱅의 홈런을 치게 될지, 또 다른 방식의 말로를 걷게 될지 쉽게 예측할 수가 없다. 우리가 경험할 수 있는 우주는 지금의 우주 하나뿐, 다른 우주를 경험해서 비교할 수 없기 때문이다.

우선 그저 간단하게 현재의 양상이 유지된다고 본다면 우주는 지속적으로 팽창할 것으로 예측할 수 있다. 특히 우주 끝자락에서 밝게 폭발하면서 순간적으로 빛나는 초신성 폭발을 통해 그 먼 은하가 그 거리에서 얼마나 빠르게 우리로부터 멀어지고 있는지 계산할 수 있다. 많은 별들은 진화 마지막 단계에서 외부 껍질을 날려버리고 내부에 품고 있던 뜨겁고 작은 하얀 핵을 드러낸다. 더 이상 핵융합을 할 수 없기 때문에 이 하얀 핵은 서서히 온도가 식어가는데, 이러한 별의 주검을 백색왜성White dwarf이라고 한다. 그런데 이 늙어가는 백색왜성 곁에 다른 거대한 별이 함께 붙어 있다면, 그 파트너별에서 백색왜성으로 조금씩 물질이 흘러가면서 백색왜성 위에 차곡차곡 쌓이게 된다. 별의 주검인 백색왜성은 워낙에 높은 밀도로 물질이 뭉쳐져 있기 때문에, 그 위에 갑자기 새로운 물질이 유입되어 내부를 짓누르는 중력이 강해지면 굉장히 불안한 상태가 된다. 물리적으로 백색왜성이 새로 찌울 수 있는 질량에는 특정한 한계가 있고, 그보다 더 많은 물질이 새로 유입되어 무거워지면 결국 백색왜성은 더 이상 버티지 못하고 폭발하게 된다. 이런 과정을 통해 일어나는 초신성 폭발은 백색왜성이 일정한 질량에 도달할 때 발생하기 때문에 초신성 폭발의 밝기는 거의 일정하다고 가정할 수 있다. 천체의 밝기는 멀리 떨어져 있을수록 그만큼 더 어두워지므로, 초신성 폭발의 최대 밝기

이미 핵융합을 멈추고 식어가던
백색왜성(오른쪽)에 인접한
파트너별(왼쪽)에서 물질이
유입되면, 점점 내부가 불안정해지고
결국 초신성 폭발을 하게
된다.(상상도)©NASA

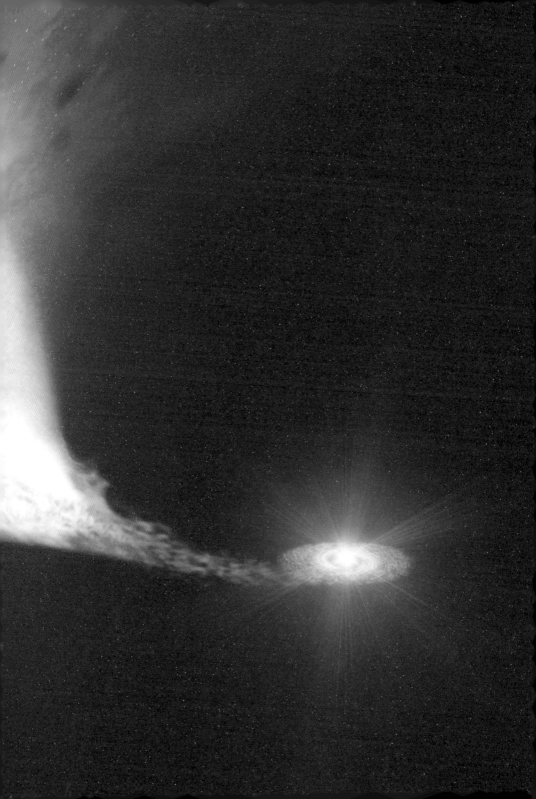

가 일정하다는 특성을 이용해 관측되는 초신성들이 각각 어느 정도 멀리 떨어져 있는지 계산할 수 있다.

또한 그 초신성을 품고 있는 은하들의 빛을 관측하면, 그 은하가 얼마나 빠른 속도로 우리에게서 멀어지고 있는지 그 후퇴 속도도 계산이 가능하다. 은하에서 날아온 빛이 지구를 향해서 오는 동안 그 빛이 지나오는 지구에서 은하 사이의 우주 시공간이 팽창하면, 그 우주 팽창과 함께 빛도 쭉 늘어진다. 그 결과 양쪽으로 잡아당긴 용수철처럼 빛의 파장도 늘어나면서, 원래 은하에서 출발했던 것보다 파장이 더 긴, 스펙트럼의 붉은 쪽으로 더 치우치게 된다. 이렇게 멀어지는 은하의 빛의 스펙트럼이 붉은 쪽으로 변화하는 것을 적색편이Redshift라고 하며, 그 정도를 비교해서 은하가 얼마나 빠르게 멀어지는지 알 수 있다. 이런 과정으로 구한 우주 끝자락에서 폭발한 초신성까지의 거리와 그 초신성을 품고 있는 은하의 후퇴 속도를 비교하면, 우주가 어느 정도로 빠르게 팽창하고 있는지 그 비율을 비교할 수 있다. 그런데 놀랍게도 천문학자들이 우주 팽창의 속도를 관측한 결과을 보면, 더 멀리 있는 우주 끝자락일수록 더 빠르게 멀어지면서 팽창 속도가 빨라지는 가속팽창을 하고 있는 것으로 보인다. 우리 우주는 이미 충분히 빠르게 시공간을 늘려나가며 온도가 식어왔지만, 앞으로는 더 빠른 속도로 질주하며 시공간을 찢어나가게 될 것이다.

이러한 미래의 우주 모델을 천문학자들은 크게 찢어진다는 뜻에서 '빅립Big Rip 우주론'이라고 부른다. 그런데 우주 팽창이 우주에 존재하는 천체들을 멀어지게 하는 힘이 아직은 굉장히 거대한 거시세계에만 적용

1994년 허블 우주망원경에 의해 포착된 은하 NGC 4526(납작하게 펴진 원반 전체)에서 터진 초신성 폭발 현장(왼쪽 아래). 워낙 밝기 때문에 별 하나의 폭발인데도 은하 전체에 버금갈 정도로 밝게 보인다. ©NASA / ESA

된다. 우리은하와 약 250만 광년 거리에 떨어진 안드로메다은하만 하더라도, 두 은하 사이의 어렴풋한 중력이 우주 전체의 팽창하는 물살을 이겨내고 서로를 잡아당기면서 가까워지고 있다. 따라서 우주가 팽창하면서 우리 지구와 태양이 멀어지는 않을지, 지구와 달, 지구와 나의 몸이 멀어지지는 않을지 걱정할 필요는 없다. 하지만 이 우주 팽창이 지금까지 플레이한 대로 계속 지속된다면, 먼 훗날 수백억 년 후의 우주에서는 이야기가 달라질 수 있다.

우주 팽창이 계속 더 빨라지면 결국 원자 속 소립자들을 뭉치게 해주는 강한 접착력인 핵력마저 버티지 못할 수 있다. 결국 원자 속 소립자들은 거센 우주 팽창을 따라 찢어지게 된다. 먼 미래에 그날이 오면, 그 순간까지 존재했을 우주의 모든 별과 행성, 그리고 모든 존재는 원자보다 더 작은 단위로 갈기갈기 찢어지고 조각나게 될 것이다. 결국 계속하여 우주 팽창이 이어지면서 우주는 지금보다 더 차갑게 식을 것이다. 빅뱅 직후 뜨거운 고밀도 소립자 수프에서 시작했던 1회초 우주는 9회말에 이르면 차갑게 얼어붙은 극저온 극저밀도 소립자의 스모그로 경기를 끝내게 될지도 모른다.

이처럼 우주는 결국 눈에 보이지 않는 가장 작은 미시세계에서 시작해 품안에 안을 수 없는 거대한 시공간을 빚어내고 다시 눈에 보이지 않는 소립자의 세상으로 돌아가게 된다. 태양과 같은 별들이 그저 잠시 별의 모습으로 머물러 있다가 사라지는 가스 덩어리이듯, 우주 자체도 어쩌면 수백억 년이라는 조금은 긴 시간 동안 구색을 잘 갖춘 우주의 모습으로 살다가 사라지게 될 소립자 반죽 덩어리에 불과한지도 모른다. 우리는 그저 우주에서 벌어지는 화려한 경기를 관람할 뿐, 경기장 바깥으로 나갈 수는 없다. 심지어 우리는 지금 우주가 몇 회를 달리고 있는지조차 감을 잡지 못한다. 아쉽지만 진짜 야구 경기와 달리 우주의 플레이는 앞서 어떤 순간들이 있었는지 '다시보기'를 할 수 없기 때문이다. 그대신 처음부터 지금까지 우주의 역사를 함께 해왔을 소립자들의 이야기를 듣기 위해서, 이미 우주를 구성하는 원자들 속에 숨어버린 소립자를 끄집어내기 위해서 입자들을 때리고 깨부수는 입자가속기에 귀를 기울일 뿐이다. 그저 눈을 감고 입자들의 타격 소리와 별과 은하들의 어렴풋한 함성 소리를 들으면서 이 우주의 '플레이'를 추측하고 있다.

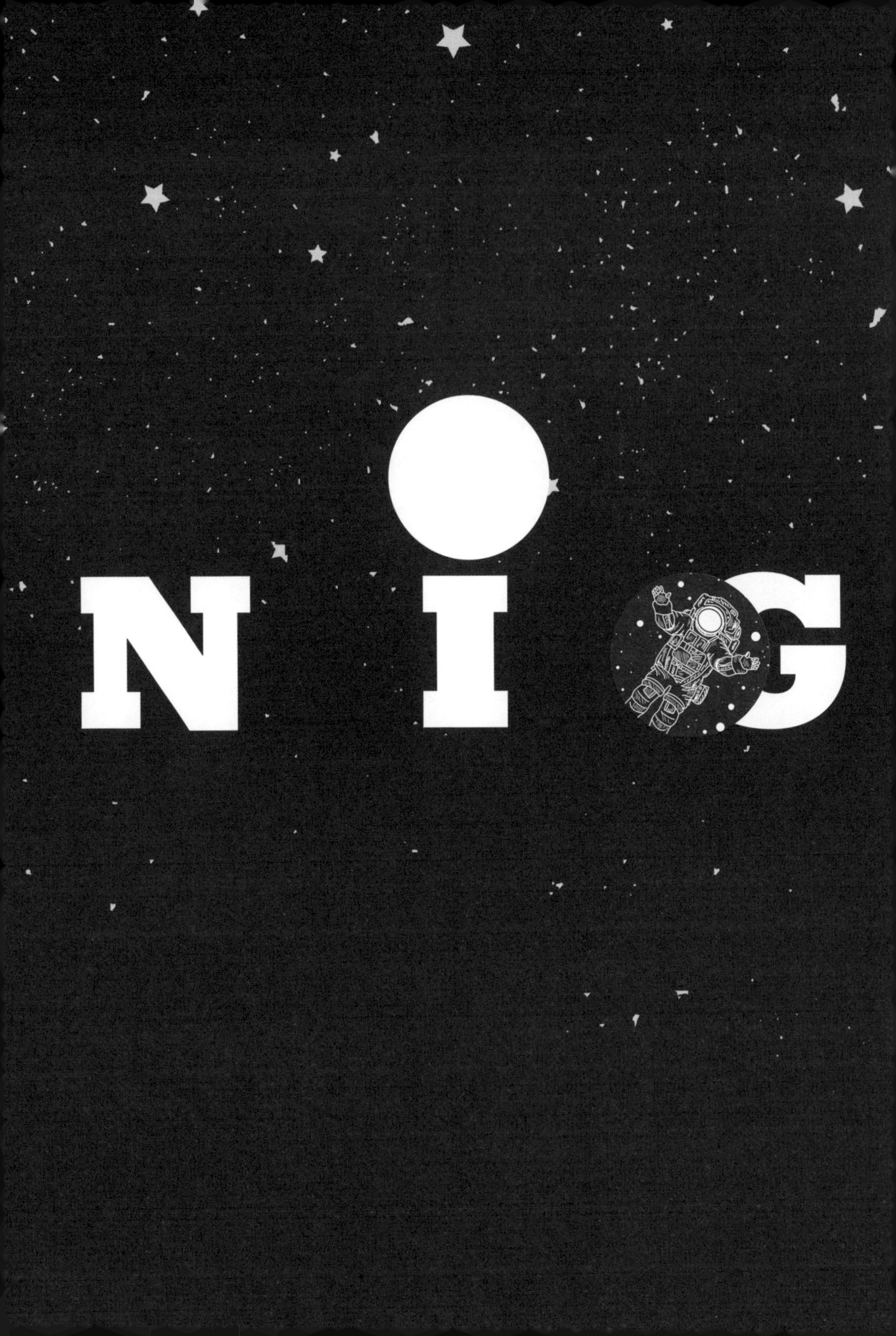
N I G

H T 밤

TV

우주의 알코올 구름과 건배

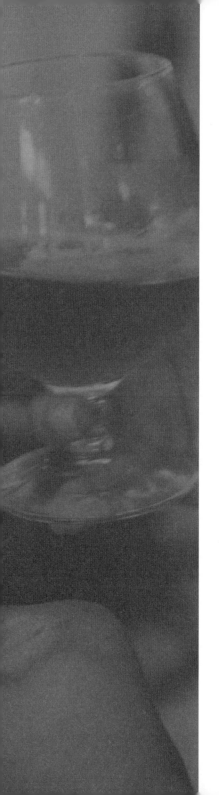

별이 되고
먼지가 되는
우주의
가스구름

21:00

늦은 밤, 모두가 모인 즐거운 회식 자리에 빠지지 않는 알코올. 물론 과한 음주는 몸에 안 좋지만 적당한 양의 술은 즐겁게 하루를 마무리하는 데 보탬이 된다. 오고 가는 술잔과 함께 무르익어가는 분위기. 우리를 한껏 들뜨고 취하게 만드는 알코올은 사실 지구 생명체를 구성하는 아주 중요한 원소인 탄소와 산소, 그리고 우주에서 가장 흔한 수소로 이루어진 꽤 정교하고 복잡한 분자다. 우주 공간에 무작위하게 흩어져 있는 원소들이 이렇게 정교한 비율과 구조로 모이기 위해서는 매우 복잡한 과정이 필요하다. 지구에서는 하루 종일 계속하여 물질을 섭취하고 새로운 물질을 배출하며 신진대사를 활발하게 하는 생명체가 그 역할을 할 수 있다. 하지만 그런 복잡한 생명 기계가 없는 텅 빈 우주 공간에서는 좀 더 까다로운 조건이 필요하다. 우리가 마시는 술 한 잔에 담긴 알코올은 사실 쉽게 만들 수 없는 꽤나 까다로운 녀석이다.

범인을 알 수 없는 화학적 지문

불과 40년 전만 하더라도 천문학자들은 우주 공간에서 알코올이나 물처럼 원자가 두 개 이상 모여 있는 큰 분자를 발견하기 어렵다고 생각했다. 우주 공간은 여러 원자를 한데 모아 응축시키기에는 압력이 너무 부족한 진공 상태다. 또한 아주 뜨겁게 달아오른 별과 그 주변 가스구름 속에서는 원자들이 열에너지를 받아 활발하게 움직이기 때문에, 원자를 모아 반죽하기에는 아주 어려운 환경이라고 예측했다.

　　우주의 모든 원자는 중심에 전기적으로 양성(+)을 띠는 양성자와 그 곁에 전기적으로 음성(-)을 띠는 전자로 이루어져 있다. 원자의 종류는 그 중심에 원자핵을 이루는 양성자의 개수에 따라 달라진다. 우주에서 가장 가볍고 단순하게 생긴 수소는 중심에 한 개의 양성자, 그리고 그 곁에 단 한 개의 전자가 맴돌고 있다. 그리고 양성자의 수가 하나씩 늘어나면서, 수소-헬륨의 순서로 더 무거운 원자들이 이어진다. 자연 상태의 원자들 대부분은 전기적으로 중성을 띠기 때문에 원자 중심의 양성자가 늘어나는 만큼 주변의 전자도 똑같이 늘어난다. 그리고 원자핵을 감싸는 전자의 수가 많을수록 원자의 크기도 조금 더 커진다.

그런데 원자핵 주변을 맴도는 전자들은 바깥에서 오는 빛에너지에 굉장히 민감하다. 원자핵 가까이에서 맴돌던 전자에 외부에서 빛에너지가 들어오면, 전자는 순간 그 에너지를 흡수하면서 원자핵에서 멀리 껑충 뛰어오를 수 있다. 반대로 다시 원자핵에서 조금 멀리 떨어져 있던 전자가 에너지를 방출하면, 원자핵 가까이 안쪽으로 내려앉을 수 있다. 그때 전자는 에너지를 빛의 형태로 방출한다. 그 중심에 더 많은 수의 양성자가 주변의 전자를 강하게 붙들고 있다면, 전자를 원자핵에서 떼어내기 위해 더 강한 빛에너지가 필요하다. 또 원자핵에 더 바짝 붙어 있는 전자를 떼어내는 데도 강한 에너지가 필요하다. 이런 간단한 물리법칙에 의해 우주를 구성하는 각 원자들은 종류에 따라 전자를 껑충껑충 떼어내는 데 고유의 빛에너지가 필요하다. 마치 사람마다 손가락의 지문이 각기 다른 것처럼 원자의 종류에 따라 흡수하고 방출할 수 있는 빛에너지의 종류가 달라진다. 이처럼 외부의 빛에너지에 민감하게 반응하는 유별한 성격을 이용해서 천문학자들은 멀리 떨어진 별이나 가스구름에 포함된 원자의 종류를 파악한다.

1965년 천문학자 헤럴드 위버Harold Weaver 연구팀은 우주 공간을 관측하던 중 그동안 발견된 적이 없는 종류의 파장에서 빛을 내는 화학성분을 확인했다. 우주 공간에서는 하나의 별개의 원자들만 떠다닌다고 생각하던 시절이었다. 그런데 그들이 관측한 빛은 그 당시 알려진 어떤 원자로도 설명할 수 없는 것이었다. 우주에서 관측된 적 없는 화학적 지문이 발견된 셈이다. 당시 그들은 정체를 알 수 없는 그 의문의 화학성분에 '수수께끼의 성분'이라는 뜻으로, 너무도 거창한 '미스테리움Mysterium'이라는 이름을 붙였다. 그리고 얼마 지나지 않아 그 정체가 사실은 하나의 원자가 아니라, 수소 하나와 산소 하나가 함께 붙어 있는 OH 분자에서 나온 빛이라는 것이 밝혀졌다.

　　이후 1969년, 우주 공간에서 수소 원자 두 개와 산소 원자 한 개로 이루어진 H_2O 물 분자를 비롯해 다양한 종류의 분자들이 발견되었다. 두 개 이상의 원자들이 모여 있는 분자는 하나의 원자에 비해 더 다양한 종류의 빛을 방출할 수 있다. 독립된 원자는 단순히 중심의 원자핵 주변에서 전자들이 멀어졌다 가까워졌다 하는 것만으로 빛에너지가 방출되지만, 두 개 이상의 원자들이 모여 있는 분자에서는 원자핵의 수와 전자의 수가 훨씬 많아지면서 방출할 수 있는 빛에너지의 종류가 훨씬 더 많아지기 때문이다. 게다가 두 개 이상의 원자가 뭉쳐 있는 모습이 다양하기 때문에 가운데 축을 중심으로 어떤 방향으로 회전하는지, 또 함께 뭉쳐 있는 원자들이 어떻게 진동하는지에 따라서 훨씬 더 다양한 종류가 있다. 이처럼 고유의 화학적 지문을 갖고 있는 분자의 화학적 지문은 직접 실험실에서 분자에 빛을 쪼이면서 확인할 수 있다. 분명 그들이 관측했던 지금껏 본 적 없던 종류의 빛은 개개의 원자가 아니라 분자에서 나오는 빛이었다. 하지만 대체 어떻게 복잡하고 무거운 분자 덩어리들이 텅 빈 진공 상태의 우주에 떠다닐 수 있는지는 설명하기 어려웠다.

무거운 분자 도넛에 둘러싸인 아기별

특히 우주 공간에서 발견된 비교적 무거운 분자들은 갓 태어난 뜨거운 아기별을 품고 있는 거대한 가스구름에서 많이 발견된다. 원래 분자들은 열에 아주 민감해서 조금만 온도가 높아도 금방 승화해버린다. 그런 분자의 특징을 고려하면 별 근처에 모여 있는 분자 구름들은 쉽게 설명하기 어렵다. 태양을 비롯한 우주의 모든 별은 과거 우주 공간에 흩어져 있던 거대한 분자 가스구름이 스스로의 중력으로 뭉쳐지고 반죽되면서 만들어진다. 가스구름 중심에 별이 만들어지고 나면 주변에 남아 있던 부스러기들이 모여서 그 곁을 맴도는 혜성과 행성이 되기도 한다. 구름이 점점 수축하면서 거대했던 가스구름의 사이즈는 조금씩 작아지고, 그 중심의 밀도는 계속 높아진다. 여기저기 흩어져 있던 가스구름의 위치에너지가 중심 한 곳으로 집중되면서 그 중앙에 짙게 뭉쳐 있는 가스 분자들은 뜨겁게 달아오른다.

이렇게 열에너지를 얻은 가스구름의 중심은 중심으로 수축하는 중력의 반대 방향으로 가스구름을 다시 팽창시키려는 압력을 만든다. 그리고 거대한 가스구름을 중앙으로 한데 모으려는 중력과, 수축하면서 오히려 열을 얻어 바깥으로 팽창하려는 압력이 함께 성장한다. 그러다가 방향이 다른 두 힘의 밀고 당기는 밀당이 진행되면서 중력과 압력이 평형을 이루는 순간을 맞이한다. 그 순간 가스구름은 더 이상 팽창도 수축도 하지 않고 안정적으로 중심의 분자들을 뜨겁게 가열하면서 자신의 사이즈를 일정하게 유지한다. 별의 크기 변화가 정적으로 멈춘 상태에서 평형을 유지한다는 뜻에서 이 상태를 정역학 평형Hydrostatic equilibrium이라고 한다. 이 밀당의 질긴 긴장을 유지하면서 가스구름은 안정을 찾고 별이 된다.

하지만 단순히 중력과 압력의 평형점에 도달했다고 해서 무조건 별이 되는 것은 아니다. 만약 초기에 모이기 시작한 거대 분자 가스구름의 전체 질량이 조금 부족하다면 강한 중력으로 열에너지를 전할 수 없다. 따라서 정역학 평형에는 도달했지만 불씨는 켜지지 못한 채 그저 미지근하게 뭉쳐진 상태로 서서히 식어간다. 이렇게 질량 미달로 안타깝게 별이 되지 못한 천체를 갈색왜성Brown dwarf이라고 한다. 이런 종류의 천체들의 실제 색깔이 갈색인 것은 아니다. 오히려 온도가 낮은 적색에 가깝다. 하지만 이 용어를 명명할 당시 이전에 적색왜성(별들 중에서 질량이 아주 작아 어두운 적색 빛을 내는 것들)이라는 말을 사용해버린 탓에 대신 갈색왜성이라고 부르게 되었다. 반대로 초기부터 너무 지나치게 많은 양의 가스구름이 모이게 되면 수축하는 과정에서 과한 열에너지가 만들어져서 이를 버티지 못하게 된다. 안에 모인 과한 열에너지로 가스물질들의 압력이 중력을 넘게 되면서 결국 안정적인 정역학 평형에 도달하지 못하고 금방 폭발해버린다.

태양을 비롯해 밤하늘에서 빛나고 있는 모든 별들은 이 오묘한 질량의 조건에 부합한 별-합격생들이다. 이처럼 정역학 평형을 이뤄 일정한 사이즈를 유지하는 동시에, 너무 부족하지도 그렇다고 너무 지나치지도 않은 적당한 양의 질량이 모여 중심의 불씨가 타오르기 시작한 천체에 한해서 별이라고 정의한다. 바로 이것이 천문학자들이 별을 정의하는

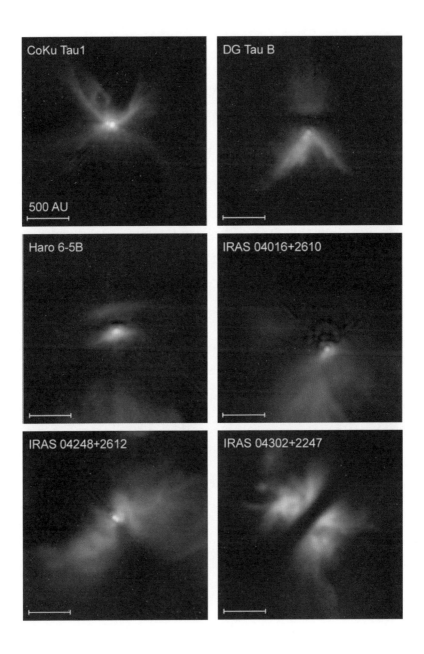

CoKu Tau1

DG Tau B

500 AU

Haro 6-5B

IRAS 04016+2610

IRAS 04248+2612

IRAS 04302+2247

갓 태어난 아기별 주변에서 관측된 먼지 도넛의 모습(각 사진 왼쪽 위에 있는 것이 별의 이름). 각 사진 중앙에 밝게 빛나는 부분이 먼지로 둘러싸여 있는 어린 별이다. 그 주변을 두꺼운 먼지 도넛이 에워싸서 별빛을 가리고 있다.ⓒSTScI/IPAC/JPL-Caltech/NASA

기준이다. 우주에서 아무것이나 별이라고 불러주지는 않는다. 나름 그 세계에도 까다로운 조건이 있다.

이 과정을 통해 초기의 거대 분자 가스구름의 중심에서 땅땅하게 반죽된 아기별이 잉태되어가는 동안, 그 주변에는 별을 만드는 데 쓰이지 않은 가스물질과 먼지들이 남게 된다. 이 먼지구름은 마치 갓 태어난 아기별의 탄생을 축하라도 하듯 그 주변을 둥글게 에워싼다. 마치 먼지 도넛 같은 모습이다. 황소자리 T별에서 처음 이런 모습으로 먼지 도넛에 둘러싸인 아기별이 발견되었다. 그래서 이후 발견되는 이와 비슷한 형태의 아기별들을 황소자리 TT-tauri 천체라고 부르게 되었다. 특히 금방 만들어진 어린 별들은 마치 갓 구운 빵처럼 초기의 따끈따끈한 열기를 가득 머금고 있다. 갓 태어난 아기가 우렁차게 울음소리를 토해내듯, 아기별들은 사방으로 강한 에너지를 토해낸다. 별들이 표면 바깥으로 불어내는 이 항성풍에 의해 아기별 주변에 남아 있던 가스와 먼지 잔해들은 대부분 깨끗이 불려 날아간다. 따라서 아기별의 우렁찬 울음소리 때문에 그 주변에 열에 약한 무거운 분자들이 남아나지 못할 것이라고 예측할 수 있다. 애초에 있던 분자들도 아기별의 강한 복사에너지와 항성풍에 의해 더 작은 조각으로 부서질 것이다. 결국 갓 태어난 뜨겁고 파릇파릇한 아기별 주변에는 기껏해야 상대적으로 가볍고 작은 원자 조각만 남아야 한다. 그런데 놀랍게도 아기별 주변에서 새어나오는 빛줄기의 화학적 지문을 분석해보면, 분명 그 곁에는 적지 않은 양의 무거운 분자들이 자리를 지키고 있다.

하늘에서 눈 대신 눈사람이 내린다면

우리는 추운 겨울날 하늘에서 흩날리는 작고 가벼운 눈송이를 쉽게 떠올릴 수 있다. 하지만 눈송이들을 뭉쳐 정교하게 완성한 눈사람이 하늘에서 내린다고 생각하지는 않는다. 만약 어딘가의 구석에서 아주 잘 만들어진 눈사람을 발견한다면 우리는 분명 누군가가 지난밤 힘겹게 눈을 뭉치고 모아 만들어놓은 것이라고 생각한다. 눈사람이 아니라 길 구석에 눈 더미가 쌓여 있는 것만 보아도 방금 제설차가 눈을 한곳에 모아놓았다고 생각할 수밖에 없다. 아기별에서 발견된 복잡하고 무거운 분자는 하늘에서 눈사람이 내리고 있는 것만큼이나 당시로서는 아주 어색한 발견이었다. 그 관측적 사실을 설명하기 위해서는 아기별 주변에서 흩날리는 원자들을 모아 지난밤 누군가가 훨씬 더 큰 분자 덩어리를 만들어놓았을 것이라고 예측할 수밖에 없다. 그러나 이 공허한 가스구름 속에는 지구처럼 원자를 먹고 분자를 싸는 신진대사를 해주는 생명체도 없을 것이다. 그렇다면 대체 누가 그런 수고를 한 것일까? 그 해답은 바로 가스구름에 흩뿌려진 끈적한 먼지 입자에 있다.

가끔 황사나 미세먼지 농도가 심한 날 자동차 표면이나 창문을 손가락으로 쓱 긁어보면 손끝에 지저분한 먼지 뭉치가 잔뜩 묻어 나온다. 그러나 허공에서는 손을 아무리 휘저어보아도 손끝에 먼지가 묻어 나오지 않는다. 미세먼지는 분명 공기 중에 떠다니고 있을 것이다. 그러나 허공을 떠다니는 먼지 입자들이 하늘에서 서로 엉겨붙어 더 큰 입자로 저절로 성장하기는 어렵다. 대신 자동차나 창문 표면처럼 먼지가 달라붙어 오래 머무를 수 있는 끈적한 표면이 있다면, 시간이 지날수록 계속 그 표면에 먼지가 추가로 달라붙으며 더 큰 먼지 입자를 성장시킬 수 있다. 끈적한 창문 표면이 먼지 눈사람을 만드는 제설차 역할을 하는 셈이다.

이와 비슷한 현상이 바로 갓 태어난 어린 별 주변, 가스구름 속에서도 벌어진다. 어린 별은 분명 강한 복사에너지와 항성풍으로 주변의 분자들을 더 작은 원자 단위로 쪼개며, 알코올과 같은 복잡하고 정교한 분자의 형성을 방해한다. 그러나 그 가스구름 속에 떠다니는 작은 먼지 입자는 그 표면에 원자들을 하나하나씩 흡착시켜 모아놓을 수 있다. 끈적하고 까칠한 먼지 입자 표면에 달라붙은 원자의 수가 늘어나고, 그 표면 위에서 원자와 원자가 서로 반죽되면서 점점 더 큰 덩어리의 분자가 만들어질 수 있다. 주변의 가스구름을 뜨겁게 달구면서 무거운 분자의 형성을 깨뜨리는 난폭한 아기별의 방해 속에서, 먼지 알갱이들은 다시 그 원자 조각들을 표면에 하나하나 흡착시켜가며 복잡한 분자를 주조하고 있는 셈이다. 이 과정에서 먼지 알갱이의 크기와 구조, 표면적에 따라 표면에 원자들을 흡착시켜 뭉칠 수 있는 효율이 달라진다. 이 효과를 가리켜 그 물리적 성질을 계산한 물리학자의 이름을 차용해 '랭뮤어-힌셸우드Langmuir-Hinshelwood 흡착효과'라고 부른다.

마치 효모가 술을 발효시켜 알코올 분자를 만들어가는 것처럼 점차 복잡한 분자 덩어리를 영글게 하는 먼지 알갱이들의 주조활동은 당연히 아기별에서 멀리 떨어진 비교적 차가운 가스구름 영역에서부터 서서히 시작된다. 아기별을 감싸고 있는 가스구름의 외곽에서 먼지 알갱이는 수소 원자와 산소 원자, 또 탄소 원자들을 하나둘 모아가며 그 표면에 가장 간단한 형태의 분자, 즉 물H_2O 분자 또는 일산화탄소CO 분자를 만들기 시작한다. 가스구름이 수축해가면서 이 간단한 분자들을 흡착시켜놓은 먼지 알갱이들도 더 안쪽으로 모여들며 계속 더 많은 원자들을 이어붙여가게 된다. 그리고 더 많은 수의 수소, 산소, 탄소가 얽히면서 자연 상태의 술이라고 볼 수 있는 메탄올CH_3OH이 먼지 알갱이 표면에서 만들어진다. 이 과정에서 서서히 가스구름의 뜨거운 중심부로 들어오면서 열에 더 약한 물과 일산화탄소 분자는 승화해버리고 먼지 표면에는 알코올이나 설탕과 같은 열에 더 강한 분자들만 남게 된다. 이렇게 뜨거운 아기별 주변까지 다가가면서 계속 원자들을 모아 이어 붙여주었던 먼지 효모의 희생 덕분에 아기별 주변에는 귀한 분자 화합물과 먼지 알갱이들이 존재할 수 있게 된다. 이렇게 모인 먼지와 분자들은 도넛 형태로 아기별을 둥글게 감싸기 시작한다.

아기별의 둘레를 둥글게 에워싸고 있는 먼지 베이글은 밀도가 높기 때문에 아기별이 토해내는 항성풍에도 꿋꿋하게 버텨내며 일부가 남아 있을 수 있다. 그래서 이런 종류의 천체를 멀리서 관측하면 마치 아기별이 토해내는 에너지가 위아래로 뻥 뚫린 먼지 도넛의 틈으로 새어나오는 것처럼 보인다. 실제로 오리온자리 별의 탄생 지역을 비롯해 갓 태어난 아기별들을 관측해보면 먼지 도넛에 둘러싸인 채 위아래로 강한 에너지를 토해내고 있는 모습을 쉽게 확인할 수 있다. 미처 청소되지 않은 이 가스 잔해들은 계속 아기별을 맴돌다가 서로 반죽되어 그 주변을 도는 행성을 형성하게 된다. 우리 지구를 비롯해 태양 주변을 맴도는 모든 행성은 이런 과정을 거쳐 만들어졌다. 우리는 50억 년 전 태어났던 아기 태

먼지 구름이 복잡하게 얽혀 있는 뱀주인자리 성운. 우주 공간에 떠다니는 먼지 입자들이 모여 있는 지역에서 덩치 큰 분자들이 형성된다. 그래서 먼지가 많은 지역에서 새로운 별들이 더 효율적으로 태어난다. ⓒNASA/JPL-Caltech/WISE Team

양의 돌잔치를 한바탕 치르고 미처 청소되지 않은 부스러기들이 모여 만들어진 셈이다.

우리의 술 한 잔에 담긴 알코올, 그리고 달콤한 안주에 담긴 당분 등 이 지구와 우주 곳곳에 분포하는 복잡한 분자 화합물들은 사실 우주 공간을 채우고 있는 지저분한 먼지 알갱이들이 있었기에 우리가 지금 맛볼 수 있는 것이다. 만약 먼지 알갱이의 흡착작용이 없었다면 뜨겁고 발랄한 아기별 주변에는 이런 맛있는 분자들이 멀쩡하게 잔존할 수 없었을 것이다. 우리 태양의 어린 시절도 마찬가지다. 나아가 그 분자가 뭉쳐 만들어진 우리 행성 지구, 그리고 그 위에 살고 있는 생명체인 우리 역시 존재할 수 없었을지 모른다. 우리는 모두 수십억 년 전 이곳에 존재했던 먼지 알갱이들이 반죽하고 뭉쳐 만들어놓은 눈사람이다. 우리는 바로 그러한 우주 발효의 작품인 것이다. 오늘 밤 우리가 이 우주에 존재할 수 있도록, 그리고 이 우주를 더 맛깔스럽게 발효시켜주었던 먼지 알갱이를 기리며 건배를 외친다.

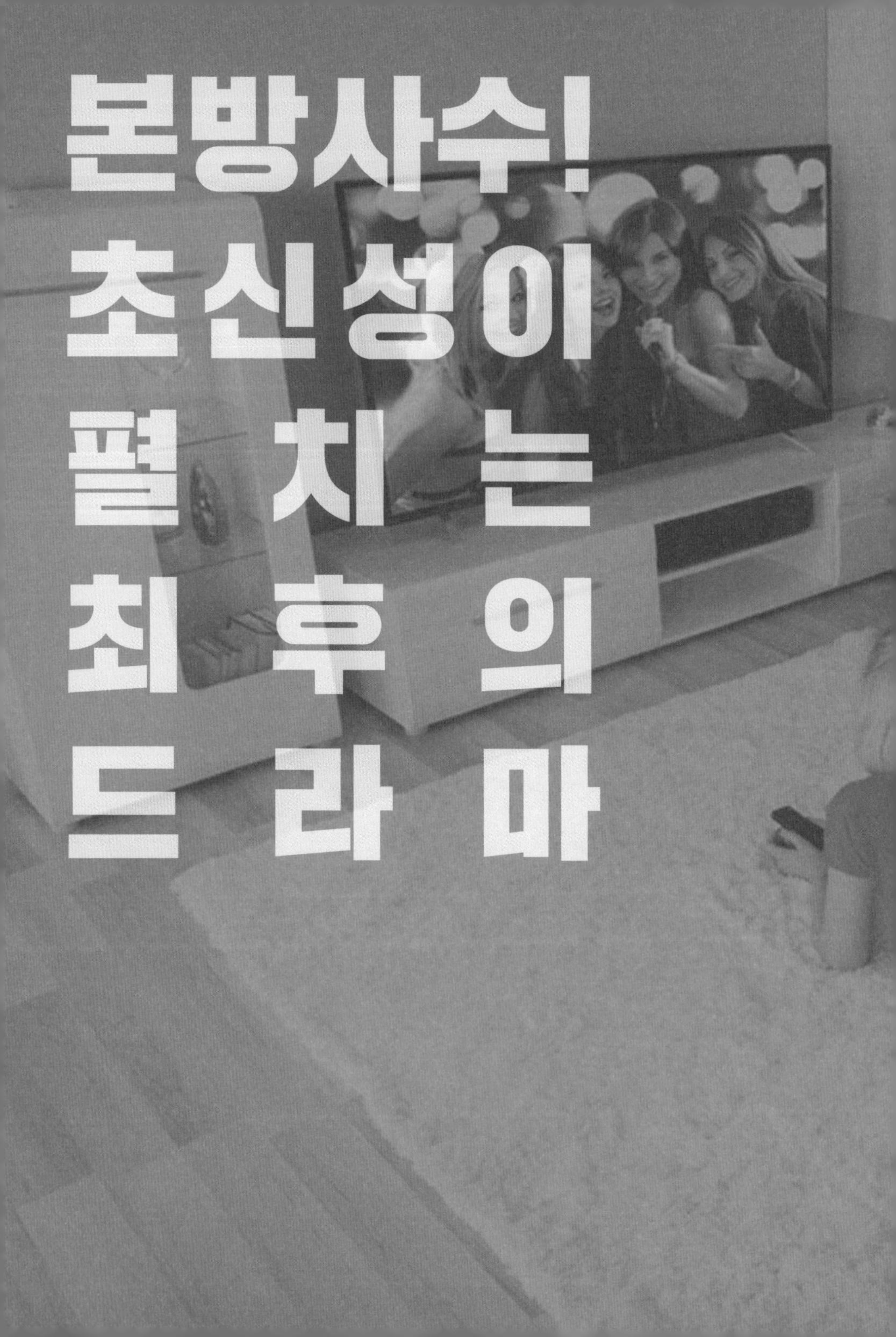

본방사수! 초신성이 펼치는 최후의 드라마

우주의
중력렌즈로 보는
초신성 폭발쇼
재방송

22:50

헐레벌떡 집에 오자마자 TV를 켠다. 오늘 꼭 보려고 했던 드라마나 예능 프로그램은 항상 제시간에 보기 어렵다. 전원을 켜고 채널을 돌리면 다음 편 예고가 나오거나 클로징 음악이 나오기 일쑤다. 스포츠 경기를 볼 때도 운은 언제나 나를 비껴간다. 축구 경기가 있다는 것을 잊고 있다가 뒤늦게 떠올라서 채널을 돌리면 이미 결정적인 장면은 지나간 후. 이런 경험을 떠올리다 보면 초신성 폭발의 순간을 오매불망 기다리면서도 초신성이 터지기 전부터 폭발하는 모든 과정을 쭉 지켜볼 수 없는 천문학자들의 아쉬운 마음을 이해하게 된다. 초신성 폭발은 우주에서 빛나는 가장 무거운 별들이 진화의 마지막 단계에서 맞이하는 장렬한 죽음의 순간이다. 우주 끝자락에서 펼쳐지는 이런 화려한 별의 마지막 순간을 통해 천문학자들은 머나먼 초기 우주의 비밀, 바로 우주 탄생에 대한 실마리를 얻으려 한다. 하지만 본방사수가 어려운 것은 우주도 마찬가지다. 가장 재밌고 중요한 절정의 순간은 놓치는 경우가 많다. 그런데 용케도 초신성 폭발의 장면을 잡아낸 참으로 끈기 있는 천문학자들이 있었다.

천문학자들이 기다리는 화려한 클라이맥스

초신성 폭발은 천문학에서 아주 중요한 가치를 갖는다. 그 폭발이 정점에 다다랐을 때의 밝기는 거의 은하 하나에 맞먹을 만큼 아주 강렬하다. 별 하나가 폭발해서 별 수천억 개가 모여 있는 은하에 견줄 만하게 밝아지는 것이니, 그 규모가 어마어마하다고 할 수 있다. 덕분에 아주 멀리, 수억 수십억 광년 떨어진 곳에서 폭발한 초신성은 다른 일반적인 천체에 비해 비교적 쉽게 관측할 수 있다. 그래서 특히나 더 멀고 오래된 우주 초창기의 모습을 추적할 때 이런 초신성 관측은 아주 유용하게 쓰인다. 그러나 문제는 초신성 폭발이 아주 짧은 시간 동안 훅 하고 지나간다는 것이다.

　　별이 더 이상 내부의 불안정한 상태를 버티지 못하고 폭발하는 순간부터 하루가 다르게 초신성의 밝기는 급격히 감소한다. 밝기의 절정을 찍고 나서 급하게 다시 어두워지는 정도, 그리고 어떤 화학적 성분을 갖고 있는지에 따라 초신성의 종류를 세부적으로 나눈다. 초신성이 점차 밝아졌다가 폭발하고 나서 다시 어두워지는 과정을 쭉 지켜보며 밝기의 변화를 그래프에 기록한다면, 마치 심장 박동기의 '심쿵' 순간이 기록되는 것처럼 피크Peak 점을 찍고 다시 급격히 내려가는 곡선을 그리게 될 것이다. 초신성의 심쿵 순간, 그리고 그 이후의 밝기 감소 구간을 기록한 이 곡선 그래프를 '광도곡선Light curve'이라고 부른다. 최고 밝기 이후 조금 천천히 어두워지는지, 아니면 아주 가파르게 밝기가 감소하는지, 중간에 밝기가 일정하게 유지되는 구간이 있는지 등 이 광도곡선이 어떤 모양을 하고 있는지에 따라 초신성을 구분한다. 그 후 초신성에서 새어나온 빛의 스펙트럼을 분석해서 그 초신성에 규소, 헬륨 성분이 있는지 등을 파악해 화학적인 특징으로 더 세분화한다. 새로운 초신성 폭발이 관측되면 천문학자들은 서둘러 점점 어두워지는 초신성의 광도곡선을 기록하고, 기준에 따라 어떤 종류의 초신성인지를 분류한다.

그중 먼 우주를 연구하는 천문학자들에게 인기가 많은 것이 Ia형 초신성Type Ia Supernova이다. 이 유형의 초신성은 보통 질량이 다른 두 별이 함께 짝을 이뤄 서로의 곁을 맴돌고 있는 쌍성에서 만들어진다. 별은 더 무거울수록 중심의 온도가 빠르게 뜨거워지면서 중심의 핵융합 연료를 빠르게 소모하기 때문에 진화 속도도 빨라진다. 이처럼 질량의 차이는 별이 진화하는 노화 속도의 차이를 만든다. 쌍성을 이루는 두 별 중에서 상대적으로 더 무거운 별은 더 빠르게 진화해서, 강한 항성풍으로 외곽의 물질을 벗겨내고 중심에 감춰져 있던 뜨거운 핵을 드러낸다. 이때 복숭아 껍질을 벗기고 꺼낸 씨앗처럼 드러난 별의 뜨거운 핵은 하얀 빛을 내며 서서히 식어간다. 바깥을 감싸고 있던 별의 외곽이 모두 날아가버 렸기 때문에, 이제 다시 그 핵을 짓눌러서 다음 단계의 핵융합 엔진을 시 작할 수 없다. 따라서 이 드러난 핵은 더 이상 핵융합을 하지 못하고 식어 간다. 이 단계를 작은 흰색 별이라는 뜻에서 백색왜성이라고 한다. 초기 에 무거운 질량으로 인생을 시작했던 별이 빠르게 진화해서 백색왜성 단 계까지 가는 동안, 옆의 파트너별은 더 천천히 진화한다. 느릿느릿하게 중심의 연료를 소진하면서 이 별은 그 사이즈를 서서히 부풀리며 적색거 성Red giant이 된다. 이때 사이즈가 지나치게 커져서 바로 옆에서 식어가던 백색왜성에게 끌려갈 만큼 가까워지면, 크게 부풀어 오른 적색거성의 물 질이 바로 옆의 백색왜성으로 스물스물 전해질 수 있다.

백색왜성은 이미 외곽을 모두 날려버려서 질량이 부족하기 때문에 원래는 더 이상 핵융합을 할 수 없다. 그런데 백색왜성으로 물질이 새롭 게 유입되면, 마냥 식어갈 줄 알았던 백색왜성의 노년기에도 다시 청춘 을 불사를 수 있는 회춘의 기회가 찾아온다. 하지만 이미 높은 밀도로 빽 빽하게 물질이 모여 있는 백색왜성에게는 간만에 찾아온 핵융합의 기회 를 안정적으로 유지할 수 있는 강한 중력이 없다. 핵융합으로 발생하는 뜨거운 내부의 열에너지를 안정적으로 감싸서 크기를 유지하기에는 중 력이 너무 부족하다. 결국 옆의 파트너에게서 전해 받은 추가 질량이 일 정량을 넘어가는 순간, 백색왜성은 중심의 고온 고밀도 환경을 버티지 못하고 큰 폭발을 일으킨다. 이때 흥미로운 것은 초신성 폭발을 하는 순 간의 모든 백색왜성의 질량이 거의 비슷하다는 점이다. 파트너별인 적색 거성에서 질량을 야금야금 전해 받으면서 이 백색왜성의 질량이 태양 질

곁에 있는 적색거성(왼쪽)에서 물질이 유입되면서 불안정해진 백색왜성은 초신성으로 폭발한다. ©ESA

량의 1.4배 정도 되는 순간 Ia형 초신성이 폭발한다고 알려져 있다. 이러한 기준 조건은 천문학적으로 아주 유용하게 쓰일 수 있다. 모든 Ia형 초신성들이 비슷한 질량이 될 때 폭발하기 때문에, 그 폭발의 세기도 비슷하다고 생각할 수 있다. 이처럼 초신성들이 가장 밝아지는 순간 최대 피크점을 찍을 때의 밝기가 일정하다고 가정한다면, 관측되는 초신성 폭발의 겉보기 밝기와 실제 그 초신성의 밝기를 비교해서 그곳까지 거리를 구할 수 있다. 따라서 일정한 최대밝기를 갖고, 또 아주 밝아서 멀리서도 보이는 초신성의 특징을 활용하여 멀리 떨어진 초신성까지의 거리를 정확하게 잴 수 있다. 이를 이용해 천문학자들은 관측 가능한 우주의 거의 끝자락에 놓인 초신성까지의 거리를 재고 우주 자체의 사이즈와 나이도 유추할 수 있다. 따라서 초신성을 관측할 때 중요한 것은 폭발이 가장 밝아졌을 때 최대밝기가 얼마나 되는지를 측정하는 것이다. 이것이 바로 초신성 폭발의 클라이맥스다.

그렇기 때문에 언제 어디서 백색왜성이 회춘을 시작하면서 정점을 찍게 될지를 사전에 알 수 있다면 미리 망원경의 시야를 그쪽으로 맞추어 놓고 기다리면 좋을 것이다. 하지만 가장 재밌는 순간을 미리 예측해서 포착하는 일은 거의 불가능하다. 애초에 초신성이 터지고 나서야 그 존재를 알 수 있기 때문이다. 불과 보름 만에 최대밝기에서 1/10로 어두워지고, 몇 달이 지나면 언제 폭발이 있었냐는 듯이 그 흔적은 거의 사라진 채 어두운 정적만 남기도 한다. 일기예보에서 구름의 흐름과 대기 상태를 통해 다음 주의 강수량을 맞추는 것은 비교적 쉽지만 땅속에서 지진이 언제 발생할지를 예측하는 것은 훨씬 어려운 것처럼, 규칙적으로 움직이는 행성과 별의 패턴을 예측하는 것과 달리 아무런 사전 징후 없이 갑자기 터져버리는 초신성의 스케줄을 미리 예측하기는 어렵다. 때문에 항상 초신성 관측은 큰 폭발이 있고 난 후 이미 최대밝기가 지난 이후 어두워져가는 초신성의 뒤꽁무니를 따라갈 수밖에 없다. 초신성 폭발은 워낙 밝기 때문에 멀리서도 잘 확인할 수 있지만, 마치 약 올리기라도 하듯 어디에서 언제 폭발이 있을지는 알 길이 없다. 항상 채널을 돌리면 가장 재미있는 클라이맥스가 다 지나가버린 것처럼, 초신성의 본방은 챙겨보기가 훨씬 더 어렵다. 하지만 본방사수를 할 수 없다면, 그 대신 재방송을 노려볼 수는 있지 않을까?

시공간을 휘게 만드는 중력의 신기루

더운 여름날 아스팔트 위에 피어오르는 아지랑이나, 사막에서 보이는 신기루 현상은 땅 바로 위의 뜨거운 공기에 의해 빛의 경로가 굴절되면서 나타나는 일종의 착시현상이다. 이처럼 빛의 경로가 휘어지게 되면 실제로 그곳에 없지만 마치 있는 것처럼 보이는 허상을 만들어낸다. 우주에서도 이처럼 빛의 경로가 휘어지는 착시현상을 관측할 수 있다. 다만 이 경우는 길 위에서 보이는 아지랑이나 신기루와는 달리 뜨거운 열이 아니라 중력에 의해 빛이 날아오는 시공간 자체가 휘어지기 때문에 나타나는 것이라는 점에서 조금 특별하다. 아인슈타인 이전까지 중력은 질량을 갖고 있는 두 물체 사이에 허공을 가로질러 서로 주고받는 마법 같은 힘으로 여겨졌다. 하지만 아인슈타인의 일반 상대성이론에 따르면, 중력은 단순히 거대한 질량체가 움푹 파놓은 시공간을 따라 흘러 내려가려고 하는 것인데, 겉으로 볼 때 마치 그 질량체가 잡아당기는 것처럼 보이는 것뿐이다. 여기서 중요한 것은 중력이 실제로 질량이 있는 두 물체가 서로를 잡아당기는 실재하는 힘이 아니라, 시공간의 왜곡을 따라 움직이는 물질들의 겉보기 운동을 통해 마치 그런 힘이 있는 것처럼 인식되는 것이라는 점이다. 만약 단순히 중력이 두 질량 덩어리 사이에서 서로 잡아당기는 마법 같은 힘이라면, 거의 질량이 없다고 알려져 있는 빛은 중력과 아무런 상호작용을 할 수 없다. 하지만 아인슈타인의 일반 상대성이론에서는 그런 빛조차도 질량에 의해 휘어진 시공간의 영향을 피해 갈 수 없다. 골프장의 온 그린에서 홀을 향해 직선으로 굴러가던 골프공이 홀 근처에 솟은 약간의 경사 때문에 똑바로 나아가다가 홀 근처에서 경로가 휘어지는 것처럼, 빛의 경로 역시 움푹 파여 있는 시공간의 경사를 따라 휘어질 수 있다. 이렇게 중력이 마치 돋보기 렌즈가 빛의 경로를 휘어지게 만드는 것과 비슷한 역할을 한다는 의미에서 이를 중력렌즈 Gravitational lensing 효과라고 부른다.

중력렌즈 현상으로 거대한 질량체 주변을 지나면서 휘어지는 별빛의 경로를 이해하는 데 도움이 되는 영화가 한 편 있다. 흥미롭게도 그 영화는 SF 영화가 아니다. 안젤리나 졸리 주연의 서로 죽고 죽이는 액션 영화 〈원티드Wanted〉의 한 장면이다. 주인공이 진정한 킬러로 거듭나기 위해, 멀리 과녁 앞에 안젤리나 졸리를 세워놓고 총알의 경로가 휘도록 해서 그 뒤에 가려진 과녁을 맞히는 훈련을 하는 장면이 있다. 이 장면에서 과녁을 가리는 안젤리나 졸리를 거대한 은하단, 질량체로, 주인공이 쏜 총알을 아주 멀리서 날아오는 빛줄기로 생각해볼 수 있다. 안젤리나 졸리 곁의 공간을 왜곡하면서 형성된 중력렌즈를 따라 빛 총알의 경로가 휘면서 뒤의 과녁에 명중한다. 이처럼 중간에 다른 거대한 질량체가 멀

사진 중심의 노란 은하들이 상대적으로 가까운 거리에 있는 무거운 은하들이다. 훨씬 더 먼 거리에 놓인 푸른 은하들은 노란 은하들의 강한 중력에 의해 일그러진 시공간에 의해 길게 왜곡된 허상으로 관측된다.ⓒNASA

리 있는 천체 앞을 가로막고 있다면, 단순히 그 뒤의 천체가 보이지 않는 것이 아니라 중간에 가로막고 있는 거대한 질량체가 만든 중력렌즈에 의해 멀리서 날아온 빛의 경로가 휘면서 그 주변에 허상이 만들어지게 된

'총알 휘어 쏘기'라는 영화 〈원티드〉의 신기술. 중력렌즈 현상을 떠오르게 하는 장면으로, 총알이
여주인공의 눈 오른편으로 휘어 나가고 있다.

다. 아마 〈원티드〉에서 주인공이 총알의 경로를 휘게 할 수 있었던 것은
안젤리나 졸리의 머리 질량이 너무 무거운 탓에 주변의 시공간이 휘면서
중력렌즈가 만들어졌기 때문은 아닐까 하는 짓궂은 천문학적 상상을 해
본다.

　　하지만 한동안 아인슈타인의 일반 상대성이론이 예측하는 이 시
공간 왜곡 현상은 지금껏 관측된 적 없는, 머릿속에서만 상상할 수 있
는 이론일 뿐이었다. 그런데 1919년 영국의 천문학자 아서 에딩턴Arthur
Eddington(1882~1944)은 태양이 달 뒤로 완벽히 가려지는 개기일식이 벌어지
는 동안, 태양 주변에서 중력렌즈의 흔적을 찾는 시도를 했다. 거대한 은

하나 블랙홀에 비해서는 훨씬 가볍지만 태양도 꽤 질량이 많이 나가기 때문에 주변의 시공간을 왜곡시킬 수 있다. 만약 태양이 만들어낸 소형 중력렌즈로 태양과 거의 비슷한 방향에 놓여 있는 먼 별의 빛이 지나간다면, 그 별빛은 태양이 만든 중력렌즈에 의해 경로가 휘면서 허상을 만들어낼 것이다. 놀랍게도 에딩턴은 태양이 완벽히 가려진 순간, 둥글게 가려진 어두운 태양의 실루엣 옆에서 별빛의 허상을 관측하는 데 성공했다. 만약 중력렌즈 현상이 일어나지 않는다면 태양 원반 뒤에 위치해서 볼 수 없었을 별빛이 태양의 실루엣 옆에 새롭게 나타난 것이다. 에딩턴의 발견으로 태양도 그 주변을 지나가는 빛의 경로를 휘게 만드는 중력렌즈를 만들어놓았다는 것, 따라서 아인슈타인이 이야기했던 일반 상대성이론에 의한 시공간 왜곡이 실제로 우주에서 벌어지고 있다는 것을 검증할 수 있었다.

이후 더 거대한 질량을 품고 있는 초거대 질량 블랙홀이나 은하, 은하단들도 시공간을 왜곡시킬 수 있으리라 예상했고, 1990년대 후반 허블 우주망원경을 통해 더 깊은 먼 우주를 관측하게 되면서 실제로 아주 많은 중력렌즈 현상을 확인할 수 있었다. 수백에서 수천 개의 은하들이 한데 모여 있는 은하단에는 눈으로 보이는 은하들뿐 아니라 그 사이사이에 눈에 보이지 않는 거대한 암흑물질들이 가득하다. 은하들과 암흑물질의 거대한 질량으로 왜곡된 주변의 시공간을 따라, 그 너머 훨씬 더 먼 배경에 놓여 있는 은하들의 길게 일그러지고 왜곡된 모습이 곳곳에서 발견되었다.

그런데 관측된 모습이 실제로 더 멀리 놓여 있지만 중력렌즈를 통해 나타난 허상인지, 아니면 중력렌즈 현상을 거치지 않은 실제 그 자리에 있는 천체인지 어떻게 구분할 수 있을까? 앞서 설명했던 별빛의 화학적 지문인 스펙트럼 분석을 이용한다. 각각의 은하, 별빛은 그 은하와 별에 포함된 화학성분의 함량과 종류에 따라 고유의 독특한 스펙트럼을 갖고 있다. 따라서 마치 범죄수사 드라마에서 곳곳에 묻은 지문들을 비교해 각 지문이 동일인의 지문이라는 것을 확인할 수 있는 것처럼, 관측된 은하 이미지의 별빛 스펙트럼을 분석해 곳곳에 나타난 은하의 이미지가 동일한 은하의 것인지 검증할 수 있다. 동일한 스펙트럼을 내는 은하의 모습이 한 장의 사진 곳곳에 나타났다면 정말 똑같은 일란성 쌍둥이 은하들이 여러 개 분포하고 있다는 뜻이 아니다. 그것은 더 멀리 놓여 있는 하나의 은하가 그 사이에 중력렌즈가 휘어놓은 시공간을 지나면서 여러 개의 허상, 신기루가 만들어진 것이다.

한 가지 흥미로운 점은 이렇게 시공간 왜곡을 따라 만들어지는 허상들이 모두 한꺼번에 '동시에' 나타나는 것은 아니라는 점이다. 시공간의 왜곡 정도가 적어 아주 조금 휘어져 날아오는 빛은 조금 더 빠르게 관측자에게 도달한다. 반면 더 많이 크게 왜곡된 시공간을 따라 빙 돌아오는 빛의 이미지는 훨씬 더 나중에 관측자에게 도달한다. 더 멀리서 빙 돌아오는 동안 허상의 이미지가 관측되기까지 시간이 지연되는 것을 중력 시간지연Gravitational time delay 효과라고 부른다. 만약 중력렌즈를 일으키는 질량체가 얼마나 무거운지, 그리고 질량 덩어리들이 어떻게 분포하는지를 정확하게 파악할 수 있다면 그 주변에 시공간이 휘어진 형태도 파악할 수 있다. 따라서 그 휘어진 시공간을 타고 어디에 중력렌즈의 허상 이

미지가 보이게 될지, 그리고 각각 얼마나 시간 간격을 두고 나타나게 될지를 예측해볼 수 있다. 중력렌즈 현상을 통해 초신성 폭발의 본방 시간은 예측할 수 없지만, 한 번 중력렌즈 현상을 겪은 초신성이 또다시 근처 다른 자리에서 중력렌즈 현상을 통해 겪게 될 '재방' 시간과 장소는 예측해볼 수 있는 것이다!

그런데 그 일이 실제로 일어났습니다

2015년 12월 천문학자 토마소 트레우Tommaso Treu 연구팀은 우리에게서 약 90억 광년 떨어진 곳에서 폭발한 초신성의 모습이 한꺼번에 네 개가 관측되는 모습을 포착했다. 스펙트럼 분석을 통해 화학적 지문을 비교해본 결과, 함께 관측된 네 개의 초신성은 모두 동일한 초신성의 허상이었다. 약 90억 광년 떨어진 곳에서 폭발한 초신성에서 날아온 빛이 그 사이 50억 광년 떨어진 곳에 비슷한 방향에 걸쳐 있는 거대한 은하단 MACS J1149.5+2223의 중력이 왜곡시킨 시공간을 따라오면서 경로가 휘었던 것이다. 그 결과 이 은하단에 포함되어 있는 한 은하를 중심으로 주변에 네 개의 초신성 이미지가 맺히게 되었다. 이렇게 중력렌즈를 일으키는 중심 천체 주변에 한꺼번에 네 개의 허상이 맺히는 모습을 아인슈타인의 십자가Einestein's cross라고 부른다. 물론 이때 아인슈타인의 십자가를 통해 확인된 초신성의 허상 네 개 역시 그 폭발이 있은 후에 부랴부랴 망원경을 들어 관측한 것이다. 이때도 역시 초신성의 본방은 미리 챙겨볼 수 없

중력렌즈 현상에 의해 똑같은 초신성 폭발의 허상 네 개가 주변에 만들어진 모습.©NASA/ESA

었지만, 중력렌즈를 거쳐 똑같은 초신성의 이미지가 여러 개로 재방송되는 모습은 지켜볼 수 있었던 셈이다. 그들은 이 초신성에 중력렌즈 시간지연효과를 처음 제안했던 천문학자의 이름을 따와 레프스달Refsdal 초신성이라는 이름을 붙였다.

그런데 이 은하단에 분포하는 은하들과 암흑물질의 질량 분포를 분석하던 천문학 연구팀은 아주 저돌적인 예측을 내놓았다. 그들은 일곱 가지의 서로 다른 데이터를 바탕으로 분석한 은하단의 질량 분포를 통해, 다음에 한 번 더 다른 곳에서 똑같은 초신성의 허상이 맺히는 다섯 번째 중력렌즈 현상이 벌어질 것이라고 예측했다. 흥미롭게도 일곱 가지의 다른 모델들이 계산한 다음 허상의 위치는 얼추 비슷했다. 그들은 2016년에서 2020년 사이에 다음 허상이 관측될 것이라고 했는데, 과연 그들의 이 대담한 예측은 어떻게 되었을까? 놀랍게도 2016년 그들이 예측한 바로 그 장소에서 초신성의 다섯 번째 재방송이 펼쳐졌다. 초신성이 처음 폭발하는 순간을 본방사수할 수는 없었지만, 그 일대의 질량 분포와 시공간이 왜곡된 형태를 분석해 언제 어디서 재방송이 진행될지를 정말 '예언'한 것이다. 가히 과학이라기보다는 점성술에 가까운 아주 대단한 천문학적 성과라 할 수 있다. 이제 우리는 마치 눈을 감고 손으로 우주를 더듬듯이 눈에 보이지 않는 시공간의 왜곡을 더듬거리며 그 왜곡된 시공간을 따라 날아오는 빛의 흐름을 예측할 수 있는 수준에 도달했다.

물론 이번 발견은 마침 초신성과 우리 지구 사이에 중력렌즈를 만들어내는 거대한 은하단이 겹쳐 있었기 때문에 관측을 시도할 수 있던 셈이니, 사실 어느 정도 운도 따라준 발견이었다고 할 수 있다. 하지만 이번 발견을 통해 우리는 단순히 망원경에 맺히는 별빛을 마냥 기다리는 것을 넘어, 그 빛이 우주 공간을 날아다니며 휘어지는 경로를 추측해볼 수 있는 새로운 눈을 갖게 된 것이다. 이 방법을 다른 은하단 주변 중력렌즈에든 접목시킨다면, 이미 놓쳐버린 흥미로운 천문 현상이 다시 재방송

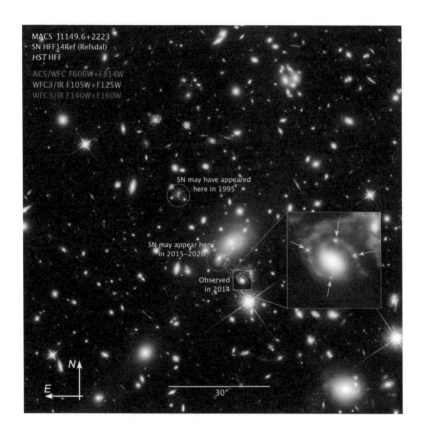

1995년에 초신성 폭발이 보였을 것으로 추정되는 지점(위쪽 파란 원)과 2014년에 초신성 폭발의 허상 네 개가 관측된 지점(아래 파란 사각형), 그리고 질량 분포를 분석해서 앞으로 다시 초신성 폭발이 재방송될 것으로 예측한 지점(가운데 빨간 원). 재방송이 일어날 거라고 예측한 그 지점에서 실제로 초신성 폭발 재방송이 관측됐다!©NASA/ESA

되는 일정과 위치를 파악할 수 있을 것이다. 중력렌즈를 빙 둘러 오는 동안 그 빛이 도착하는 시간이 늦춰지는 시간지연효과를 함께 이용하면, 한쪽에서는 이미 재밌는 부분을 놓쳐버린 본방송의 타임라인을, 그리고 그 옆에서는 다시 처음부터 방송되는 재방송의 타임라인을 동시에 시청할 수 있다. 본방 채널과 재방 채널을 함께 틀어놓고 실시간으로 과거의 순간과 현재의 순간을 비교해볼 수 있게 되는 것이다. 중력렌즈는 정말 말 그대로 우리가 중력을 렌즈처럼 '써먹을 수 있다'는 것을 의미한다. 물론 아직 우리 마음대로 중력을 제어하고 시공간을 구부릴 수준은 아니지만, 우리는 우주 곳곳에 은하들과 은하단들이 휘어놓은 시공간을 잘 이용해서 다시 보고 싶은 우주의 명장면을 재시청할 수 있는 방법을 터득했다.

매번 늦은 귀가 시간 탓에 재미있는 드라마, 예능을 못 보는 신세를 한탄할 필요는 없다. 어릴 적 매일 신문에 나오는 방송 편성표에 밑줄을 그어가며 방송을 챙겨 보던 시절을 지나, 이제는 새벽 케이블 방송에서 지겹도록 재방송이 나오고, 또 인터넷을 이용해 원할 때면 언제든 못 본 방송을 챙겨 볼 수 있는 시대가 되었으니까. 편안한 마음으로 소파에 앉아 리모컨으로 검색창을 누른다. 이제 우리는 본방사수에 목숨을 걸지 않아도 된다. 중력렌즈라는 거대한 시공간의 방송국을 이용해 우주의 명장면을 다시보기로 챙겨 보는 천문학자들처럼, 이제 우리도 느긋하게 방구석에서 여유를 부릴 수 있다. 물론 우주의 중력렌즈를 더 편하게 쓰기 위해서는 연구가 더 필요하다. 아쉽게도 우주의 재방송을 예측하고 성공한 사례는 아직 한 번뿐이었기 때문이다. 머지않아 천문대의 방구석에 발 뻗고 누워 감자칩을 집어 먹으면서 다음번 초신성 폭발의 재방송을 처음부터 쭉 챙겨 볼 수 있는 날이 오기를 기대해본다.

DJ세페이드와 함께 하는 클럽 파티

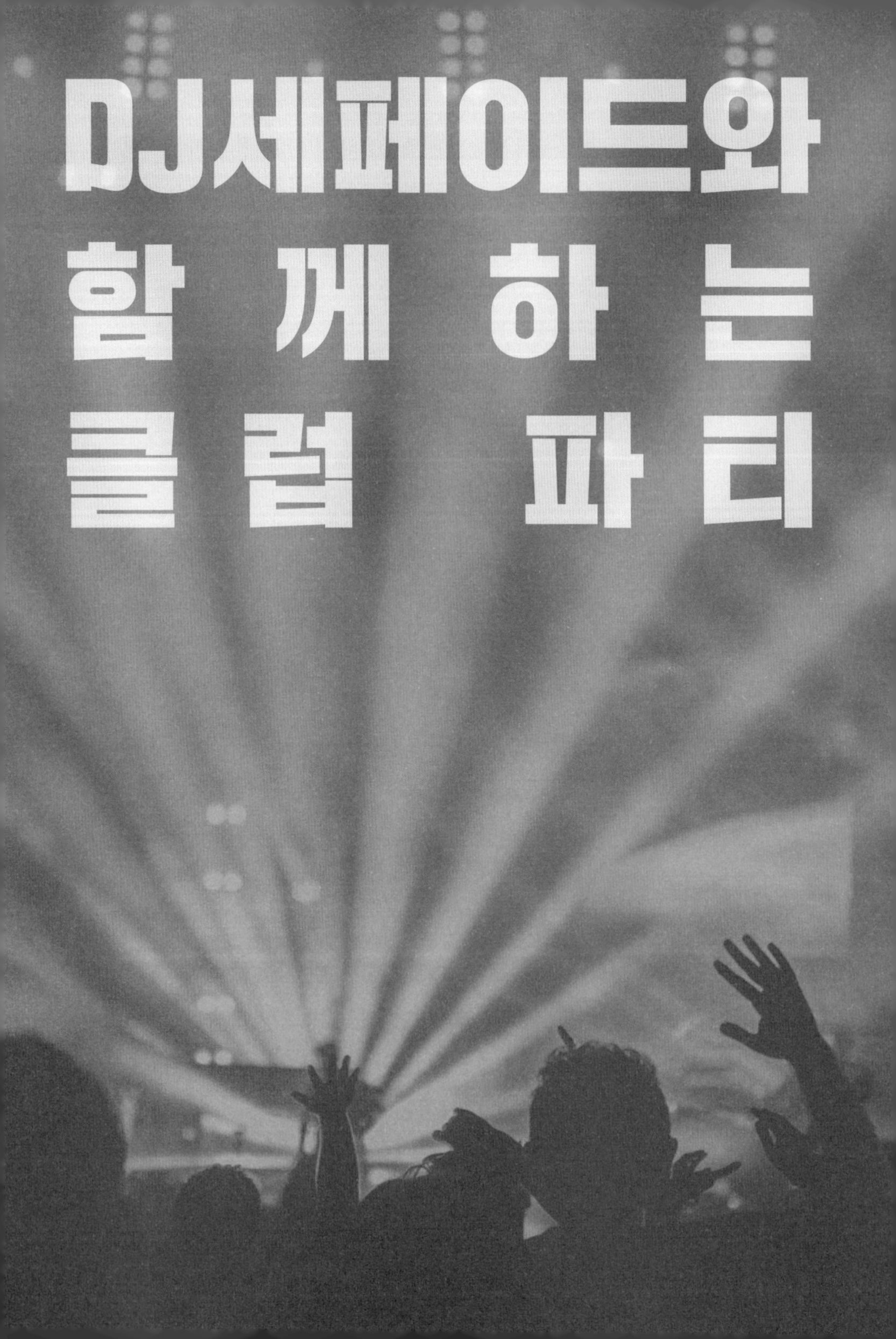

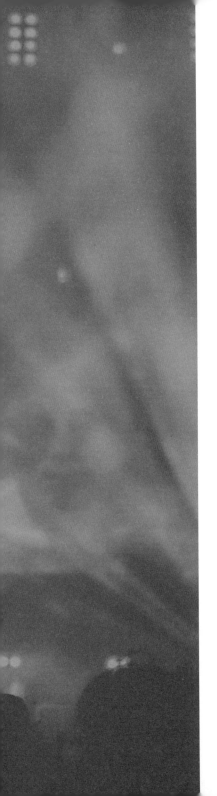

우주에서의
거리와 밝기,
돌고 도는
문제를
해결하다

23:00

하루 일과를 마무리하고 이제는 맘껏 즐길 시간. 둠 칫 둠칫, DJ의 음악 소리에 맞춰 춤을 추며 하루 의 스트레스를 시원하게 날려버린다. 가끔 금요일 밤 늦게 홍대 거리를 지나가다 보면 여기저기 건 물 지하에 숨어 있는 클럽에서 음악 소리가 새어나 온다. 눈을 감고 음악의 비트에 귀를 기울여보면 그 소리가 지 금 어디쯤에서 들려오는지도 알 수 있다. 시끄러운 테크노 음 악이 들리는 클럽은 저기 멀리, 무거운 덥스텝 비트가 들리는 클럽은 여기 바로 근처. 이런 식으로 우리는 음악 소리가 얼마 나 크게 혹은 작게 들리는지를 통해 그 음악이 새어나오는 클 럽까지의 거리를 유추할 수 있다. 그리고 그중 가장 마음에 드 는 음악이 들리는 클럽을 향해 걸음을 옮긴다. 천문학에서도 가장 중요한 것은 바로 멀리 떨어진 별까지의 거리를 재는 것 이다. 우리가 직접 줄자를 들고 별까지 날아가서 잴 수는 없기 때문에, 순전히 지구에 발을 붙이고 앉아 밤하늘에 떠 있는 별 까지의 거리를 다양한 방법으로 유추할 수밖에 없다. 늦은 밤 길 한가운데 서서 눈을 감고 여기저기서 새어나오는 클럽의 음악 소리에 귀를 기울이듯, 천문학자들도 밤하늘 아래 별들 을 마냥 바라보며 그 별들이 어느 정도 거리에 떨어져 있는지 가늠하느라 씨름하고 있다.

인간 컴퓨터가 발견한 변덕스러운 별

우리가 관측하는 수많은 별들은 멀리 떨어진 별일수록 실제보다 더 어두워 보인다. 반면 더 가까워지면 실제 밝기보다 더 밝게 보이는 일종의 착시현상이 일어난다. 낮 동안 다른 별빛을 모두 가릴 정도로 태양이 가장 밝게 보이는 이유는 우주에서 태양이 가장 밝기 때문이 아니라 그저 태양이 다른 별들에 비해 더 가까이 놓여 있기 때문이다. 따라서 별까지의 거리를 정확히 측정하는 것은 가깝고 먼 별들이 자신의 원래 밝기보다 더 밝고 어두운 것처럼 보이게 하는 거짓말에 속지 않고 진짜 그 별이 얼마나 많은 에너지를 내고 있는지를 파악하는 데 있어 아주 중요한 작업이다. 만약 우리가 그 별까지의 거리를 잴 수 있다면 그 거리만큼 날아오는 동안 어두워진 정도를 계산할 수 있다. 그것을 통해 단순히 눈으로 보이는 겉보기 밝기 대신 정말 그 별이 내고 있는 에너지의 진짜 세기, 절대 밝기(실제 밝기)를 추측할 수 있다. 그러나 그 별까지의 거리를 알기 위해서는, 우선 그 별의 절대 밝기를 알고 있어야 한다. 우리는 별의 실제 밝기와 겉으로 관측되는 겉보기 밝기를 비교해 얼마나 멀리 혹은 가깝게 놓여 있는지를 알 수 있다. 여기서 참으로 당혹스러운 혼란이 시작된다. 거리를 알기 위해서는 별의 실제 밝기를 알아야 하지만, 그 별의 실제 밝기를 알기 위해서는 또 그 별의 거리를 알고 있어야 한다. 마치 닭이 먼저인지 달걀이 먼저인지 돌고 도는 질문처럼, 별의 거리와 실제 밝기는 서로를 알기 위해 서로를 먼저 알아야 하는, 천문학자들을 아주 골치 아프게 만드는 문제다. 따라서 천문학자들은 거리에 의한 착시효과에 영향을 받지 않는 다른 방법으로 그 별의 실제 밝기를 추측하는 방법을 연구해왔다. 그리고 그 방법은 지금으로부터 100여 년 전 '인간 컴퓨터'들에 의해 발견되었다.

불과 100여 년 전까지만 해도 과학계는 굉장히 남성 중심적인 사회였다. 머리로 우주를 상상하고 이론을 개발하는 고상한 자연과학은 대부분 남성의 몫이었고, 여성들은 그에 비해 자질구레하고 귀찮은 숫자 계산이나 데이터 처리 정도를 할 수 있는 기회만 얻을 수 있었다. 20세기 초 하버드 대학교 천문대에서는 점점 망원경의 성능이 좋아지고 더 많은 별들의 데이터가 축적되면서 그 방대한 데이터를 처리하고 분석할 노동자를 고용하기로 했다. 남성 천문학자들이 관측한 사진 속 별들을 하나하나 세고 밝기를 측정하고 기록하는 굉장히 귀찮은 일은 바로 하버드 천문대에 고용된 여성 노동자들의 몫이었다. 당시 그들은 계산Compute하는 사람이라는 뜻에서 '컴퓨터'라고 불렸다. 컴퓨터라는 말의 어원은 복잡하지만 귀찮은 숫자 데이터 처리를 맡았던 여성 노동자들의 직업을 부

20세기 초 하버드 천문대에서 일하던 여성 계산 노동자 '컴퓨터'들의 삶을 다룬 연극 〈천문대 피나포레〉의 한 장면. ⓒHavard Observatory

르는 말이었던 것이다. 아직도 가끔 일부 사람들은 그들을 과학자로 부르지 않고 계산 노동자라고 부르는 경우가 있는데, 나는 그들이 과학계에 기여한 정도를 절대 과소평가하고 싶지 않기 때문에 그들을 당당한 자연과학자, 천문학자라고 부른다.

1908년 하버드 천문대의 여성 천문학자 헨리에타 리비트Henrietta Swan Leavitt(1868~1921)는 우리은하 주변 가까이에 위치한 마젤란은하 속 별들의 밝기를 기록하고 정리하는 일을 맡았다. 특히 그녀는 그 은하에 위치한 별들 중 하루에서 며칠을 주기로 밝기가 밝아졌다 어두워졌다가를 반복하는 세페이드 변광성Cepheid variable star들을 분석하고 있었다. 보통 변광성은 밝기가 변화하는 별들을 모두 아우르는데, 그중 세페이드 변광성은 별 자체가 팽창과 수축을 반복하면서 밝기가 변화하는 종류를 말한다. 그런데 그녀는 그 변광성들에서 아주 놀라운 특징을 발견했다. 바로 실제 밝기가 더 밝은 별일수록 밝기가 변화하는 변광주기가 더 길게 나타난다는 것이었다.

그녀가 분석했던 변광성들은 모두 마젤란이라는 하나의 은하에 놓여 있는 별들이었기 때문에 그 별들까지의 거리는 거의 비슷하다고 볼 수 있었다. 따라서 그녀가 발견했던 변광주기와 별의 밝기 사이의 관계는 분명 거리와는 상관없는, 별의 물리적인 관계였다. 별이 너무 멀거나 가깝거나 상관없이 별의 겉보기 밝기가 조금 더 어두워졌다가 밝아졌다 하는 변광 경향만 쭉 관측하면 아주 쉽게 얼마나 긴 비트로 밝기가 오르고 내리는지 그 주기를 측정할 수 있는 것이었다. 만약 이 방법론을 마젤란은하보다 더 멀리 떨어진 세페이드 변광성들에게 사용할 수 있다면, 단순히 그 별의 변광주기만 가지고 별의 실제 밝기를 유추할 수 있게 된다. 거리와 실제 밝기에서 돌고 돌던 질문의 순환고리를 해결할 수 있게 되는 것이다. 그녀가 발견한 이 매력적인 법칙은 아주 간단하다. 변광성을 찾는다. 그리고 그 변광주기가 몇 시간, 며칠이 걸리는지를 측정한다.

그리고 그 주기에 대응하는 별의 실제 밝기를 확인하고 눈으로 보이는 겉보기 밝기와 비교해 그 별까지의 거리를 구해낸다. 정말 매력적인 마법 같은 해결책이었다.

부들부들거리는 변광성의 속사정

그렇다면 마냥 같은 밝기로 영원히 빛날 것만 같은 별들의 밝기가 어떻게 규칙적인 비트로 변광을 하게 되는 것일까?

중심에서 수소 핵융합을 하는 태양 같은 별들이 더 진화하게 되면, 그 중심에 수소 핵융합으로 만든 헬륨 찌꺼기들이 남게 된다. 앞서 설명한 것처럼 별은 표면에서 중심으로 들어갈수록 온도가 올라간다. 별의 가장 외곽층에는 처음에 별이 만들어질 때 모였던 수소 원자가 핵융합을 겪지 않고 고스란히 남아 있다. 그보다 조금 더 안쪽으로 들어가면서 온도가 올라가게 되면 수소 원자핵에 붙어 있던 전자 하나가 에너지를 받아 원자핵 곁을 탈출하게 된다. 원래 수소 원자에는 전자가 하나밖에 없기 때문에 전자 하나가 도망가버리면 그 중심에 원자핵만 남게 된다. 이렇게 전기적으로 음성을 띠는 전자 하나가 떨어져 나가고 수소의 원자핵만 남게 되면서 전기적으로 양성을 띠는 수소 이온이 만들어진다. 따라서 표면보다 살짝 안쪽 층에서는 수소 양이온과 거기서 분리되어 나온 전자들이 분포한다.

그보다 더 안쪽 중심 가까이 들어가면 이제 수소 핵융합을 통해 만든 결과물인 헬륨 원자들이 가득해진다. 핵에서도 그나마 상대적으로 바깥층에서는 온도가 가장 중심보다는 비교적 낮기 때문에 헬륨 원소가 남아 있게 되지만, 점점 더 뜨거운 중심으로 들어가면 위에서 설명한 수소 이온이 만들어지는 것과 마찬가지로 헬륨 원소에서도 전기적으로 음성을 띠는 전자들이 하나둘 탈출하게 된다. 그래서 핵의 가장 바깥층은 헬륨 원소로, 가장 중심은 헬륨의 모든 전자가 떠난 헬륨 양이온으로 채워진다. 이렇게 하나의 원자가 뜨거운 에너지를 받아 원자핵과 여러 개의 전자로 나뉘면, 입자의 수가 더 증가하는 효과를 발휘하게 된다. 원자가 핵과 전자로 쪼개지기 전에는 원자 입자 딱 하나였지만, 그 원자가 쪼개지면서 전체 입자 수가 3배, 4배 더 증가하게 된다. 이렇게 입자의 수가 증가하면 중심핵에서 만들어지는 열에너지가 바깥으로 새어나가는 것을 방해하는 역할을 한다. 입자의 수가 적을 때는 그 사이사이로 핵에서 만들어진 에너지가 새어나가 어느 정도 열이 식을 수 있도록 해주지만, 입자의 수가 배로 많아지면서 빽빽해지면 그 열에너지가 새어나가기 어렵게 블로킹을 하게 되는 것이다. 이렇게 입자의 수가 많아지면서 열에너지의 배출이 가로막히는 것을 보고 천문학적으로는 '불투명' 해졌다고 표현하며, 입자의 수가 증가하면서 불투명도Opacity가 증가한다고 이야기한다.

별이 점점 핵융합을 반복해 내부의 중심온도가 올라가고, 전자와 양이온으로 쪼개지며 입자의 수가 늘어나면서 표면과 핵 사이 내부 중간층의 불투명도가 서서히 올라간다. 이 중간층의 불투명도가 점점 빽빽해져서 더 이상 중심핵에서 만들어지는 열이 새어나가지 못하도록 꽉 잡아

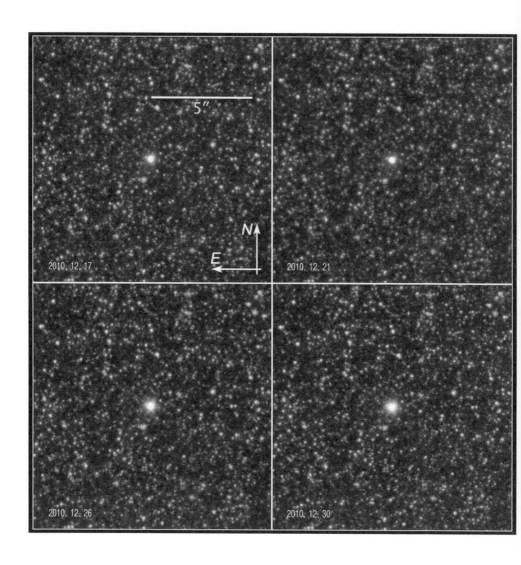

며칠에 걸쳐서 밝기가 변화하고 있는 안드로메다은하 안에 있는 세페이드 변광성. 같은 별을 며칠에 걸쳐 반복해서 관측한 것이다. 천천히 밝기가 변화하는 것을 확인할 수 있다.©NASA/ESA

놓게 된다. 그 결과 핵은 열을 적당히 바깥으로 배출하지 못하고 과잉된 에너지를 머금게 되면서 조금 부풀어 오른다. 핵의 열이 더 이상 버티지 못하고 살짝 팽창하게 되는 것이다. 그 반동으로 별이 전체적으로 크기가 조금 부풀어 오르는 효과가 생긴다. 그러나 별이 마냥 무한정으로 팽창하는 것은 아니다. 어느 정도 크기가 부풀어 오르게 되면 부피가 커지면서 단위 부피당 입자의 수가 조금 적어지는, 상대적으로 입자와 입자들 사이가 성기게 되는 효과를 얻게 된다. 별이 조금 팽창한 덕분에 성기게 된 입자와 입자 사이로 중심의 에너지가 조금 새어나갈 수 있게 되면서 다시 불투명도가 살짝 내려가는 것이다. 불투명도가 어느 정도 내려가게 되면, 다시 별의 중심은 열에너지를 더 이상 과하게 머금지 않는다. 그 결과 별은 다시 에너지를 서서히 내보내며 크기가 다시 수축하게 된다. 수축을 하면 어떻게 될까? 다시 부피가 줄어들고 단위 부피당 입자들이 더 빽빽하게 채워지면서 다시 불투명도가 올라가게 된다.

이렇게 별 중심을 둘러싸고 있는 바깥층의 불투명도가 농해졌다가 성기게 되었다가를 반복하면서, 별은 가만히 있지 못하고 부들부들 수축과 팽창을 거듭한다. 이 과정이 진행되는 동안 별 중심에서 만들어내는 핵융합 엔진의 전체 에너지는 큰 차이가 없기 때문에 별 전체의 표면 온도는 크게 변화하지 않는다. 따라서 별이 수축하면 별의 전체 밝기는 상대적으로 어두워지고, 별이 팽창하면 상대적으로 별의 전체 밝기가 밝아진다. 이처럼 별 중심을 에워싼 중간층의 불투명도가 마치 별의 수축과 팽창을 좌우하는 밸브처럼 작용하는 과정을 불투명도 메커니즘Opacity mechanism이라고 부른다. 이 메커니즘을 통해 별은 수축과 팽창을 반복하

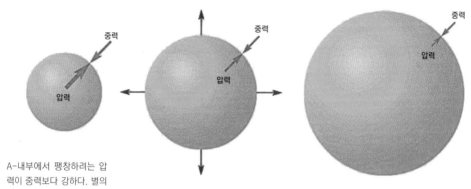

A-내부에서 팽창하려는 압
력이 중력보다 강하다. 별의
팽창이 시작된다.

B-점점 별이 부풀어 오르면
서 낮아진 압력과 중력이 평
형을 이룬다. 그러나 초반에
팽창하던 관성이 남아서 조
금 더 지나치게 팽창한다.

C-조금 지나치게 팽창을 하
면서, 내부의 열이 식고 압력
이 낮아진다. 다시 중력이 강
해지면서 수축을 시작한다.

D-별이 수축하면서 내부의 열이 올라가
고 다시 압력과 중력이 평형을 이룬다.
그러나 이번에는 수축하던 관성 때문에
지나치게 수축하고 내부의 열이 더 올라
가게 되며 위의 과정을 반복한다.

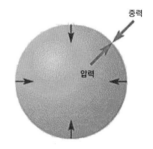

셰페이드 변광성의 팽창과 수축

며 밝기가 규칙적으로 변화하는 변광비트를 탈 수 있게 된다. 더 질량이 크고 밝기가 밝은 별은 상대적으로 작은 별에 비해 비트를 타면서 수축과 팽창을 더 크게 한다. 더 무겁기 때문에 오므라들고 부풀어 오를 수 있는 정도가 큰 것이다. 마치 울림통이 큰 징과 울림통이 작은 꽹과리의 비트와 비슷한 느낌이다. 그 자체가 웅장한 울림통인 질량이 무거운 별들은 울림통이 작은 가벼운 별들에 비해 한 번 비트를 타는 데 시간이 더욱 많이 걸린다. 그렇지만 더 크고 무거운 만큼 더 밝게 빛날 수 있다. 긴 변광주기를 갖는 밝은 별들은 큰 스피커에서 '퉁- 탁' 하는 느린 비트로 가슴을 깊게 때리는 덥스텝 별이라면, 상대적으로 변광주기가 짧은 가볍고 어두운 별들은 '쿵칫쿵칫' 하는 짧은 비트로 울리는 하우스 뮤직이라고 할 수 있다. 이렇게 밝은 별은 들숨과 날숨의 호흡 깊이가 더 크고, 따라서 호흡 패턴의 주기인 변광비트도 조금 더 길어지게 된다. 크기가 더 크고 무거운 만큼 별의 가스물질이 한데 모여 수축하고 다시 열을 얻어 팽창하는 데 걸리는 시간이 더 오래 걸리기 때문이다. 바로 리비트가 발견했던 세페이드 변광성의 절대 밝기와 변광주기 사이의 관계는 바로 이 차이에 의해 만들어진 놀라운 관계였다.

비트는 아무나 타는 게 아니지

하지만 이런 변광비트를 탈 수 있는 기회는 아무 별에게나 주어지지 않는다. DJ가 음악을 믹싱하는 모습이 겉으로 볼 때는 그냥 버튼만 누르는 것처럼 쉬워 보이지만, 실제로 그 기술을 연마해 파티를 이끌어가는 건 보통 사람은 쉽게 따라 할 수 없는 스킬이 있어야 가능하다 그렇다면 대체 어떤 조건을 충족해야 변광비트를 탈 수 있는 기회를 얻게 되는 것일까?

별의 변광이 관측되기 위해서는 별의 수축과 팽창을 조절하는 불투명도 밸브가 어느 깊이에서 만들어지는지가 중요하다. 너무 깊은 중심핵 근처에서는 아무리 불투명도 메커니즘이 돌아가더라도, 깊은 중심에 숨어 있는 핵의 팽창과 수축이 별 전체의 변광에 기여하지 못한다. 그와 반대로 너무 바깥을 에워싸고 있는 표면층은 별 전체를 팽창시킬 만큼 불투명도가 충분히 높아지지 않는다. 따라서 너무 깊은 중심도, 아주 바깥 표면층도 아닌 딱 그 중간의 어중간한 깊이에서 불투명도 메커니즘이 돌아갈 때 별이 안정적으로 팽창과 수축을 반복할 수 있다. 특히 이 메커니즘을 가장 효율적으로 돌아갈 수 있게 해주는 이온은 전자가 떨어져 나간 헬륨 양이온이다.

그런데 별의 중심이 얼마나 뜨거운지에 따라서 헬륨 양이온층이 형성되는 깊이가 달라진다. 따라서 불투명도 밸브가 작동하면서 변광을 할 수 있는 별의 온도에는 제한된 범위가 존재한다. 아무 별이나 변광을 경험하지는 않는 것이다. 딱 적당한 온도를 갖고 있어서 적당한 깊이의 헬륨 양이온층이 형성되는 별만 변광을 경험할 수 있다. 만약 별 자체가 너무 뜨거운 고온의 별이라면, 굳이 깊이 들어가지 않아도 헬륨 양이온층이 형성될 수 있다. 즉, 헬륨 양이온층이 거의 표면 가까이에 형성되는 것이다. 너무 표면 가까이 형성된 헬륨 양이온층은 별 전체를 팽창시킬 만큼 충분히 높은 불투명도를 유지하지 못한다. 만약 별 전체의 온도가 너무 낮은 저온의 별이라면, 아주 깊이 들어가야 헬륨 양이온층 밸브가 작용할 수 있다. 이렇게 깊은 중심핵 근처에서 만들어진 불투명도 밸브에 의한 별 중심핵의 팽창과 수축은 겉으로 잘 드러나지 않기 때문에 이경우에도 별 전체의 변광에는 크게 기여하지 못한다. 따라서 별 자체의 온도가 너무 높지도 낮지도 않아서, 그래서 불투명도 밸브 역할을 하는 헬륨 양이온층의 깊이가 너무 얕지도 깊지도 않을 때에만 제대로 된 변광비트를 탈 수 있다. 이를 통해 별이 변광을 하면서 불안정한 시기를 오래 유지할 수 있는 적정한 온도범위가 만들어진다. 온도가 적당해서 딱 적당한 깊이에 헬륨 양이온층이 만들어지는 온도범위를 별의 '불안정대'라고 부른다. 별들은 일생을 살아가면서 서서히 온도가 낮아지거나 높아지는 경로를 따라가게 되는데, 그때 별의 온도가 이 불안정대 범위 안에 들어오게 되면 별은 서서히 팽창과 수축을 반복한다. 리비트가 관측했던 세페이드 변광성들도 모두 진화하는 과정에서 이 불안정대 온도범위 안에 들어온 별이라고 볼 수 있다.

변광만이 우주가 허락한 유일한 마약이니까

세페이드 변광성의 밝기와 주기에 대한 리비트의 놀라운 발견 덕분에 드디어 천문학자들은 그동안 잴 수 없었던 먼 별이나 은하까지의 거리를 측정할 수 있게 되었다. 만약 인접한 다른 은하에서 자신의 고유한 변광 주기로 비트를 타고 있는 세페이드 변광성을 발견한다면, 그 별을 품고 있는 은하까지의 거리를 아주 높은 정확도로 유추할 수 있다. 드디어 우리은하계 바깥 다른 세계까지의 거리를 잴 수 있는 방법을 얻게 된 것이다. 사실 리비트가 이 발견을 했던 당시까지만 해도 천문학자들은 우리가 살고 있는 우리은하계가 우주의 전부인 줄 알고 있었다. 주변의 별들까지 정확하게 거리를 잴 수 있는 방법도 부족했고, 안 그래도 거대한 우리은하 바깥에 또 다른 세계가 펼쳐져 있을 거라고는 생각도 하지 못했던 것이다. 요즘은 영화나 게임에서도 다른 은하계를 오고 가는 이야기가 흔히 등장하기 때문에 우리도 외부은하라는 개념을 어렵지 않게 떠올릴 수 있다. 하지만 불과 100년도 되지 않은 최근까지, 천문학계에 외부은하라는 개념 자체가 없었다는 것은 참 흥미로운 일이다.

처음 우리 우주의 모습을 가장 잘 묘사했던 사람은 공교롭게도 천문학자가 아닌 18세기 독일의 철학자 이마누엘 칸트Immanuel Kant(1724~1804)였다. 그는 놀라운 통찰력으로 우리 우주, 우리가 살고 있는 은하계가 우주 곳곳에 떠 있는 '섬 우주'의 하나라고 생각했다. 별 수천억 개가 모여 있는 은하계 하나를 섬 하나라고, 이 우주 전체는 그런 섬들이 곳곳에 떠 있는 다도해라고 생각했던 것이다. 천문학을 전공하지도, 우주를 연구하지도 않았던 철학자의 상상력이 실제 우리 우주의 모습이었다는 것을 후세 천문학자들이 확인하기까지는 200년 가까운 시간을 기다려야 했다. 20세기 초반에 접어들면서 천문학계의 가장 뜨거운 감자는 바로 밤하늘에서 관측되는 독특한 천체들의 정체가 무엇인가 하는 것이었다. 보통 별들은 점광원으로 밝게 빛나고 있지만 일부 천체들은 마치 우주 공간에 떠 있는 거대한 구름처럼 뭉게뭉게 모여 독특한 모습을 하고 있었다. 당시 천문학자들은 이러한 천체들을 구름처럼 보이는 천체라는 의미에서 성운Nebula이라고 불렀다. 게다가 가을 하늘에 크게 떠 있는 안드로메다성운을 비롯해 많은 성운들이 마치 소용돌이치는 듯한 독특한 모습을 하고 있었다. 지금은 안드로메다를 비롯한 여러 성운들의 모습이 각 은하계에 새겨진 나선팔 패턴이라는 것을 알고 있지만, 외부은하라는 개념 자체가 없었던 당시까지만 해도 그 천체들의 정체에 대해서 누구도 쉽게 설명할 수 없었다. 한쪽에서는 이 성운들이 칸트의 상상처럼 우리은하계 바깥에 놓인, 우리은하와 맞먹는 거대한 은하계라고 주장했고, 그 반대쪽에서는 그 성운들 역시 우리은하계 안에 포함된 작은 별 구름이라고 주장했다. 두 학파는 한동안 천문학계에서 가장 팽팽하게 대립했다.

그런데 바로 리비트가 발견한 세페이드 변광성 거리 측정법 덕분에 그 논란에 종지부를 찍을 수 있었다. 1929년, 이 발표를 전해 들은 에드윈 허블Edwin Powell Hubble(1889~1953)은 우리은하에 인접한 안드로메다은하에서 규칙적으로 밝기가 변하는 세페이드 변광성을 발견했다. 이제 모든 준비는 끝났다. 세페이드 변광성의 변광주기와 고유 밝기 사이의 명확한 관계가 알려져 있었고, 바로 그 세페이드 변광성이 안드로메다성운에서 발견된 것이다. 허블은 그 변광성까지의 거리를 측정했다. 놀랍게도 그가 구한 값은 칸트의 섬 우주론을 지지하는 쪽 손을 들어주었다. 빼도 박도 할 수 없는 '빼박' 증거가 나오면서 천문학계는 드디어 우리은하계를 너머 다른 외부은하들의 존재를 생각하기 시작했다. 더 이상 '안드로메다는 '성운'이 아닌 '은하'로 부르게 되었다. 아직도 과거의 습관이

과거 외부은하의 존재를 알기 전 천문학자들은 하늘에서 보이는 소용돌이치는 천체들이 단순히
가스구름이라고 생각했다(왼쪽, 당시 상상도). 그러나 이후 그런 천체들이 우리은하 바깥에 별개로 있는
거대한 외부은하라는 것이 밝혀졌다.©NASA/ESA

남아서 가끔 안드로메다성운이라고 부르는 사람들이 있지만, 이제는 그 습관을 말끔히 씻어낼 필요가 있다. 우리 우주는 여러 은하들이 곳곳에 떠다니는 다도해 우주였다. 그리고 그 각각의 섬에서는 각자 고유의 비트로 변광하고 있는 세페이드 클럽 파티가 한창 열리고 있다. 그 은하 섬까지의 거리를 잴 수 있도록 살며시 힌트를 내보내면서 세페이드 변광성 클럽은 신나게 비트를 타고 있다.

은하까지의 거리를 잘못 계산하게 되면, 실수로 그 은하가 더 밝거나 어둡다고 오해하게 된다. 결국 은하의 질량도 잘못 추측하게 되고, 은하에 살고 있는 별들의 개수와 에너지 등 다양한 물리량을 잘못 계산하게 된다. 거리 측정은 관측을 기반으로 하는 천문학에서 천체들의 다른 물리량을 결정하는 가장 중요한 첫 단추다. 너무 멀리 떨어져서 직접 갈 수 없는 별과 은하까지의 거리를 정확하게 측정하는 것은 현대에 와서도 가장 중요한 문제다. 더 좋은 망원경과 새롭게 고안된 더 정밀한 계산법으로 천체들까지의 거리는 지속적으로 업데이트되고 있다. 최근에는 새로 측정한 거리가 과거에 알고 있던 값과 다르다는 것이 밝혀지면서 천문학자들이 일대 혼란에 빠질 때가 많다. 지금껏 알고 있던 그 은하의 밝기, 나이 등 모든 정보를 다시 새롭게 고쳐야 하기 때문이다. 그래서 천문학자들은 지금도 먼 천체들까지의 거리를 더 정확하게 측정할 수 있는 방법을 계속하여 연구하고 있다. 그리고 그 역사의 시작에 바로 리비트가 발견한 세페이드 변광성의 비트와 밝기의 규칙, 그리고 그 성과를 이어받아 우리의 우주관을 본격적으로 확장시킨 허블의 발견이 있다. 우리 우주는 원래부터 섬 은하들로 가득한 섬 우주였다. 다만 최근에서야 그 거대한 우주의 진가를 맛볼 수 있는 노하우를 터득할 수 있게 된 것이다. 다른 은하계까지의 거리를 아주 정확하게 계산할 수 있게 도와주는 세페이드 변광성의 발견은 분명 천문학자들을 펄쩍펄쩍 뛰며 춤추게 할 만큼 충분히 신나고 흥분되는 일이다.

불타는 금요일 어두운 밤하늘 아래 심장을 때리는 DJ의 음악에 맞춰 몸을 맡기듯, 천문학자들은 지금 이 순간에도 밤하늘에 떠 있는 변광성들을 추적하며 그들의 비트에 몸과 마음을 맡기고 있다. 세페이드 변광성의 비트, 이것은 천문학자들을 매료시키기에 충분한 우주에서 허락하는 마약이기 때문이다.

늦은 밤 TV 잡음 속 우주의 소리

빅뱅의 여운,
우주의 역사가
들린다

24:30

요즘은 각종 케이블 TV채널의 빽빽한 편성표를 이리저리 눈팅하며 새벽을 지새울 수도 있지만, 20여 년 전만 해도 밤 12시에 마지막 애국가가 나오고 나면 더 이상 아무런 방송도 하지 않았다. 어느 채널을 돌려보아도 치지직거리며 희고 검은 화면만 나올 뿐이었다. 그 시끄러운 소리가 귀를 아프게도 하지만, 눈을 감고 오래 듣다 보면 가끔은 전파 바다의 파도 소리를 듣는 듯 묘하게 편안했던 경험이 있다. TV에서 치지직거리는 잡음이 나오는 이유는 간단하다. 방송국에서 더 이상 방송 전파를 송출하지 않아 우리 집 안테나에 아무런 신호도 잡히지 않기 때문이다. 정확히 말하면, 평소에 숨어 있던 자연의 잡음이 드디어 방송이 끝나자마자 나타난 것이다. 우리 주변에는 항상 온갖 잡음들로 가득하다. 다만 그 세기가 미약해 강한 방송 신호가 송출될 때는 거기에 파묻혀 티가 나지 않을 뿐이다. 강한 방송 신호가 큰 풍랑이라면, 이런 미약한 잡음들은 작은 잔물결이라고 볼 수 있다. 풍랑이 멈추었을 때에만 잔잔한 잔물결의 존재를 알 수 있는 것처럼, 방송이 모두 끝나고 나면 드디어 숨어 있던 잡음들의 파도 소리가 몰아치기 시작한다. 그 잡음 속에는 지구의 땅속에서 새어나오는 열에 의한 전파도 있고, 주변 건물에서 나오는 각종 생활전파, 비행기나 지하철의 소음도 있다. 그리고 그 치지직거리는 잡음 속에는 미미하게나마 130억 년 전 우주가 태어나던 순간 남긴 잡음도 함께 섞여 있다.

우주에서 쏟아지는 의문의 잡음

우주에서 쏟아지는 의문의 잡음을 처음 포착한 것은 지금으로부터 약 50여 년 전이었다. 1964년 벨 연구소Bell Laboratorise에서 근무하던 두 공학자 펜지아스Arno Allen Penzias(1933~)와 윌슨Robert Woodro Wilson(1936~)은 거대한 전파 안테나로 하늘을 관측하기 위한 준비작업을 하면서 안테나의 성능을 점검하고 있었다. 그런데 그들은 하늘 곳곳에서 정체를 알 수 없는 잡음을 포착했다. 그것은 분명 단순한 기계 결함은 아니었다. 공학자였던 두 사람이 천문학적인 이해가 있었던 것은 아니어서 이들은 공학적으로 접근하여 잡음의 모든 가능한 경우를 제거하려고 엄청나게 애를 썼다. 도시에서 새어나오는 전파 방해인 것은 아닌가 의심하면서 시내의 반대 방향으로 안테나를 틀었지만 그 미세한 잡음은 여전히 잡혔다. 달의 위상이나 밝은 별들의 위치 역시 범인이 아니었다. 심지어 그들은 안테나에 둥지를 틀고 변을 남긴 비둘기들을 총으로 위협해 쫓으면서까지 잡음을 없애보려고 했다. 이들은 논문에서 비둘기 똥을 하얀 생물학적 물질이라고 표현했다고 한다. 사실 이들이 없애려고 했지만 없앨 수 없었던, 그들을 계속 괴롭혔던 의문의 잡음은 빅뱅이 남기고 간 흔적이다. 마치 우주 전역에 깔린 배경음악BGM처럼 절대 지워지지 않는 배경에 깔린 복사에너지라는 의미에서 이 잡음을 '우주배경복사CMB, Cosmic Microwave Background라고 부른다.

이렇게 천문학과 연이 별로 없던 두 공학자들이 빅뱅의 소리를 쓸모없는 잡음으로 착각하고 지우기 위해 애쓰는 동안, 천문학계에서는 이런 미세한 잡음이 관측될 것이라는 예측이 속속 나오고 있었다. 그보다 앞서 1946년에 천체물리학자 조지 가모프George Gamow(1904~1968)는 우주가 오래전 지금보다 훨씬 더 작은 크기에서 출발해 지금의 우주까지 팽창해온 우주론을 가정했을 때, 지금 우리 우주는 거의 50K의 아주 낮은 온도로 등방하고 차갑게 식어 있을 것이라고 예측했다. 빅뱅 직후 초기에는 아주 빽빽하게 우주의 모든 물질과 에너지들이 뜨겁게 뭉쳐져 있었다. 만약 우리 우주 바깥에 다른 열의 출입이 없는 단열 우주Adiabatic Universe, 즉 외부에서 새로운 열이 추가되지도 않고 바깥으로 열이 새어 나가지도 않는 열적으로 완벽히 차단된 세계라고 가정하면, 우주는 점점 팽창하면서 서서히 전역에 골고루 에너지를 나눠주면서 거의 고르게 식어갈 것이다. 외부에서 더 들어오는 열이 없고 계속 부피가 커지면 우주가 품고 있는 열들이 더 골고루 퍼져나가면서 우주의 평균온도를 낮출 것이기 때문이다.

가모프는 자신의 계산을 통해 절대온도 50K이라는 값을 내놓았다.

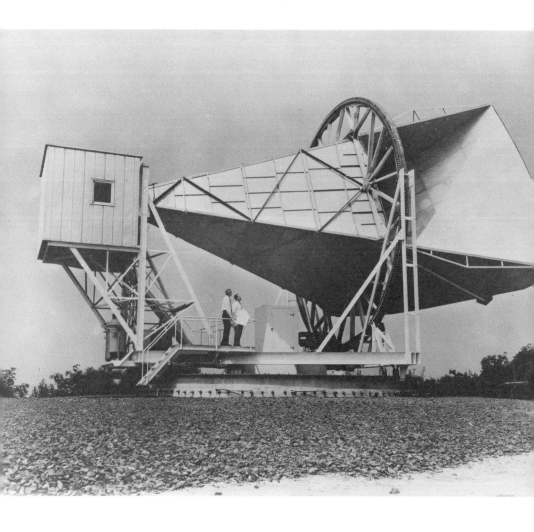

펜지아스와 윌슨이 우주의 배경복사를 관측했던 나팔 모양의 전파망원경.©Bell Lab

이후 천문학자들은 다양한 상수와 물리량들을 추가하고 보정하는 과정을 거쳐 우리 우주가 어느 정도로 차갑게 식어 있을지 그 평균온도를 추측했다. 1948년 천문학자 랄프 알퍼Ralph Alpher(1921~2007)와 로버트 헤르만 Rober Herman(1914~1997)은 가모프가 계산한 것보다 훨씬 더 차가운 절대온도 5K으로 우리 우주 전역이 차갑게 식어 있을 것이라고 추측했다.

이렇게 천문학자와 물리학자들 사이에서 빅뱅 폭발 이후 우주가 팽창하면서 지금까지 우리 우주의 온도가 몇 도에 해당하는 에너지까지 식어왔을지에 대해 다양한 이론적 논쟁이 오고 가는 동안, 우주 전역에서 관측되는 등방하고 균일한 낮은 온도의 에너지는 빅뱅 우주론을 정설로 뒷받침해주는 아주 강력한 증거로 각광받기 시작했다. 만약 누군가 이론 속 수식 계산치로만 존재하는 차갑게 식은 우주의 균질한 온도를 측정해낸다면, 그것은 곧 빅뱅 직후 뜨겁게 머금고 있던 우주의 에너지가 지금까지 팽창을 거듭해오면서 아주 낮은 온도까지 차갑게 식어왔다는 '빼박' 증거가 되는 것이다.

천문학자와 물리학자들이 이렇게 훌륭한 이론적 토대를 다져놓는 동안, 마침 두 공학자 펜지아스와 윌슨의 흥미로운 발견이 학계에 전해졌다. 그렇다면 과연 펜지아스와 윌슨이 관측한 우주 전역에서 쏟아지는 절대 피할 수 없었던 미세한 잡음의 온도는 얼마나 낮았을까? 놀랍게도 앞서 물리학자들이 계산했던 빅뱅 후 차갑게 식은 우주의 온도 예상치와 비슷한 절대온도 3K에 해당하는 에너지였다. 그리고 놀라우리만큼 균질하고 등방하게 하늘 전역에서 쏟아지고 있었다. 분명 그 에너지는 지구 땅이나 지구 대기권에서 누가 장난을 치는 것도 아니었다. 그냥 우주가 우리에게 계속 속삭이고 있던 전파였다. 다른 모든 방송 전파들을 껐을 때 비로소 우주가 속삭이던 미세한 잔물결의 모습이 드러났을 뿐이다. 아주 낮은 온도로 우주 전역에 미세하게 남아 있는 빅뱅의 여운, 우주배경복사를 발견한 것이다.

반질반질한 카펫 표면의 작은 솜털

빅뱅 이론의 명백한 증거, 아니 더 정확하게 말하자면 빅뱅 직후 지금까지 우주가 팽창하면서 이렇게 균질하고 차갑게 식어왔다는 강력한 증거가 되는 낮은 온도의 우주배경복사의 발견은 현대 천문학을 한층 더 '아스트랄하게' 발전시키는 계기가 되었다. 게다가 더 먼 우주를 바라볼수록 그만큼 과거를 라이브로 보게 된다는 관측 천문학의 독특한 특성이 더해지면서, 우주배경복사를 관측한다는 것은 우리가 볼 수 있는 관측 가능한 우주의 마지막 한계, 빅뱅 직후 우주의 가장 앳된 모습을 생생하게 목격할 수 있다는 것을 의미했다. 만약 그렇다면 우주배경복사 속에는 우주가 지금과 같이 복잡하고 거대한 구조를 이룰 수 있게 해준 그 원천에 대한 비밀이 숨어 있지 않을까? 천문학자들은 더 낮은 에너지의 전파를 민감하게 관측할 수 있는 우주망원경들을 연이어 발사했다.

1989년 처음으로 우주배경복사 관측을 위해 우주에 올라간 코비COBE 위성을 비롯해, 그 이후로 더 민감한 더블유-맵WMAP과 플랑크Planck 위성이 최근까지 우주에 올라가 관측 결과를 제공해주었다. 놀라운 것은 우주 전역에서 마냥 '똑같은' 세기로 쏟아질 것만 같았던 차갑게 식은 우주의 열기가 '똑같지'만은 않았다는 것이다. 자세히 들여다보니 아주 미세하게 부분부분 온도의 차이가 있었다. 물론 그 차이는 워낙에 작아서 크게 보면 티가 나지 않는다. 하지만 0.0001K의 미세한 온도 차이로 아주 조금 더 온도가 높고 낮은 부분들이 있었다. 이를 시각적으로 분석하기 쉽게 온도가 조금이라도 더 높은 부분을 붉게, 온도가 조금이라도 낮은 지역을 푸르게 그려본다면, 마치 전반적으로 녹색 빛이 감도는 우주 공간 곳곳이 붉게 푸르게 얼룩진 모습을 하게 된다. 이러한 미세한 온도 차이 혹은 밀도 차이를 밀도 요동Density Fluctuation이라고 부른다. 물론 그 온도 차이는 워낙 미세하기 때문에 우주배경복사의 에너지는 전반적으로 등방하고 균질하다고 이야기할 수 있다.

하지만 자세히 들여다보면 국지적으로 차이가 있는 것도 분명했다. 이를 더 수학적으로 정확하게 분석하기 위해 천문학자들은 각도 분포 스펙트럼Angular Power Spectrum이라는 수학적 분석 방법을 사용한다. 우주배경복사의 전체 평균온도에 비해 각 부분들의 온도가 얼마나 높고 낮은지 그 차이를 계산하고, 차이가 나는 지역들의 각 거리가 어떻게 분포하는지를 분석하는 것이다. 간단히 이야기하자면 얼마나 멀리 떨어진 부분들이 서로 얼마나 온도 차이가 나는지 우주 온도 분포의 미세한 '지역적 차이'를 분석해서, 우주배경복사가 어떻게 '생겨먹었는지' 그 생김새를 수학적으로 표현하는 셈이다. 그것을 통해 수학적으로 우주배경복사가 얼마나 까칠까칠한지, 그리고 그 까칠까칠한 정도가 얼마나 넓게 펼쳐져 있는지를 알 수 있다.

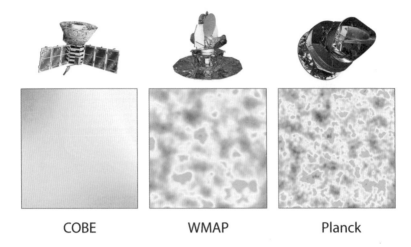

COBE   WMAP   Planck

코비, 더블유맵, 플랑크 우주망원경으로 관측한 우주배경복사
디테일의 차이

플랑크 우주망원경으로 가장 최근에 그린 하늘 전체(All sky)의
배경복사 분포. 전반적으로는 거의 비슷한 온도로 균질하지만, 아주
미세한 온도 차이들이 있다.ⓒNASA/ESA

우주배경복사에서 확인된 이런 미세한 온도 차이의 패턴은 곧 빅뱅 직후 우주 초창기에 분포하던 우주의 에너지, 온도 분포의 미세한 차이를 의미한다. 빅뱅 직후 우주 속에 분포하던 에너지는 완벽하게 등방하고 균일하지는 않았다. 아주 미세하게나마 국지적인 차이가 있었다. 우주배경복사에서 봤을 때 상대적으로 온도가 더 낮아 더 밀도가 높은 지역은 중력이 강해 주변 물질을 더 많이 끌어당기는 씨앗 역할을 했다고 볼 수 있다. 우주배경복사 속에 남아 있는 무작위하고 알록달록한 패턴은 미세한 우주 기초공사의 흔적이라고 볼 수 있다.

거실에 있는 반질반질한 카펫을 상상해보자. 멀리서 볼 때는 거의 표면이 매끈매끈하다. 하지만 가까이 그 표면을 들여다보면 작고 미세한 솜털들로 자글자글한 것을 볼 수 있다. 그 자글자글한 솜털들 중 일부는 비슷하게 모이는 방향으로 기울기도 하고, 서로 퍼지는 방향으로 기울기도 하면서 카펫 위에 맨질맨질한 패턴을 만들어낸다. 카펫 위를 떠돌던 공기 중의 먼지들은 카펫에 만들어진 패턴을 따라 달라붙게 된다. 먼지가 더 잘 달라붙는 카펫 표면에는 계속 더 많은 먼지가 달라붙으면서 더욱 큰 먼지 덩어리가 모인다. 며칠만 정리를 하지 않아도 카펫의 특정 부분에만 각종 머리카락과 과자 가루, 강아지 털 등 먼지들이 뭉쳐 있는 것을 볼 수 있다. 반면 상대적으로 깨끗하게 아무것도 모이지 않은 곳들도 볼 수 있다.

우주배경복사가 이야기하는 우주의 진화 과정이 바로 이와 비슷하다. 우주배경복사는 전반적으로 봤을 때 거의 비슷한 온도(정확하게는 절대온도 2.7K)로 균질하게 온 우주에서 쏟아진다. 하지만 '더블유-맵'이나 '플랑크' 같은 우주망원경을 통해 자세히 들여다보면 우주배경복사는 미세하게 요동치는 온도 분포를 갖고 있다. 태곳적에 그 미세한 온도 차이로 인해 물질이 모일 곳과 덜 모일 곳이 선택적으로 결정되었다. 마치 카펫 위에 먼지가 잘 뭉치는 곳과 잘 뭉치지 않는 곳이 구분되는 것처럼, 물질이 잘 모이기 시작한 곳에는 은하와 별들이 만들어졌고 그 중심에 지금 우리가 살고 있다. 130억 년 전 빅뱅과 함께 무작위하게 분포하던 미세한 밀도 요동 속에서 우리가 싹틀 수 있었고, 지금 그 씨앗 속에서 태어난 우리는 다시 시간을 거슬러 우주의 태곳적 밀도 요동을 바라보고 있는 셈이다.

밤하늘은 그냥 어둡지 않다

19세기 독일의 천문학자 올베르스Olbers Heinrich(1758~1840)는 당연해 보이는 것에 중요한 질문을 던졌다. 우주는 왜 어두울까? 간단하게 생각하면 지구가 자전하면서 밝은 태양이 지평선 아래로 숨기 때문이라고 이야기할 수 있을 것 같다. 하지만 생각보다 올베르스의 질문은 만만하지 않다. 나무로 울창한 숲 한가운데 갇혀 있다고 상상해보자. 우리에게 가까이 있는 나무는 더 크게 보일 것이다. 반대로 멀리 놓인 나무들은 더 작게 보일 것이다. 하지만 더 먼 만큼 더 많은 수가 보이기 때문에, 결국 우리의 시야는 울창한 나무로 꽉 차서 모두 가려지게 될 것이다.

이런 논리를 우주에 대입해보자. 가까운 별은 당연히 크게 보일 것이고 우리는 그 큰 표면을 보게 될 것이다. 태양처럼 말이다. 별이 더 멀어질수록 우리가 보는 그 크기는 훨씬 작아지지만, 거리가 먼 만큼 더 많은 수의 별들이 시야에 들어오게 된다. 나무로 빽빽한 숲속에서 주위를 둘러보면 어느 곳을 바라봐도 결국 멀거나 가까운 나무 기둥에 시야가 겹치는 것처럼, 우주 어디를 봐도 시야에 별 표면이 닿아야 하지 않을까? 그렇다면 밤하늘은 오히려 어두운 것이 아니라 별빛으로 밝게 가득차야 할 것이다. 사실 우리는 우주 어디를 봐도 별의 표면이 시야에 닿아야 한다. 즉, 우리 우주는 어두울 수 없다는 것이다. 이 당연한 것 같으면서 쉽게 해답이 떠오르지 않는 '역설'을 어떻게 해결할 수 있을까? 올베르스의 짓궂은 질문에 대한 나름의 완벽한 답을 찾기까지 무려 300여 년의 시간이 걸렸다.

아쉽게도 올베르스의 첫 번째 가정은 틀렸다. 우주는 사실 무한하지 않다. 아니 정확히 얘기하면, 우리가 볼 수 있는 우주는 무한하지 않다. 실제로 우주 시공간 자체는 끝이 없을 수도 있다. 하지만 우리가 볼 수 있는 우주는 유한할 수밖에 없다. 바로 우주의 시간이 시작되는 지점, 빅뱅이 있기 때문이다. 앞서 일정한 속도로 날아오는 빛의 성질을 이용해 더 먼 천체를 볼수록 그만큼 빛이 날아오는 데 걸린 시간만큼의 과거를 거슬러 볼 수 있다고 이야기했다. 그러나 우리는 아무리 과거로 거슬러 올라가도 우주가 시작되기 전인 빅뱅 이전의 우주를 볼 수는 없다. 애초에 그 이전이라는 것 자체가 존재하지 않기 때문이다. 우리가 아무리 노력해도 볼 수 있는 우주의 끝자락은 빅뱅 직후 출발해 우주의 나이 130억 년 동안 우리를 향해 날아온 빛이다. 만약 140억 광년 떨어진 어떤 은하가 있다 하더라도 그 은하에서 출발한 빛은 아직도 우리를 향해 날아오는 중이라 눈에 담을 수가 없다.

우주의 시간에 끝이 있을지 없을지 아무도 알 수 없지만, 우주의 시간에 시작이 있다는 것은 아주 중요한 천문한적 의미를 갖는다. 바로 관측 가능한 우주Observable Universe가 유한하다는 것을 뜻하기 때문이다. 현재 우리가 볼 수 있는 가장 먼 우주의 모습은 바로 우주배경복사다. 우리가 관측을 한다는 것은 곧 먼 우주에서 날아오는 '빛'을 본다는 것을 의미한다. 빛조차 새어나오지 못할 정도로 우주의 밀도가 높았던 우주 초창기, 빅뱅 직후의 모습은 아쉽지만 현재로서는 들여다볼 묘수가 없다. 우주가 서서히 팽창하면서 드디어 우주의 밀도가 낮아지고, 마치 안개가 개듯 빽빽하게 모여 있던 입자들의 반죽 사이로 빛이 새어나오기 시작했던 그 순간의 모습부터 우리는 관측할 수 있는 것이다. 이 순간을 흔히 종교적 색채가 짙은 태초의 빛The First Light이라고 비유하기도 한다.

천문학적으로 봤을 때도 처음으로 우주 공간을 자유롭게 가로지르기 시작한 순간의 빛이기 때문에 아주 매력적인 표현이라고 생각된다. 지금까지 우주에 올라간 여러 우주배경복사 관측 망원경들이 관측한 알록달록한 패턴의 태초의 빛은 바로 우리가 볼 수 있는 가장 먼 우주의 모습, 우주의 마지막 장벽인 셈이다. 흔히 우주에 끝이 있냐는 유치하면서도 어려운 질문을 받을 때가 있다. 그에 대해 지극히 천문학적으로 답을 하자면, 실제 우주에 끝이 있는지는 알 수 없지만 우리가 볼 수 있는 관측 가능한 우주에는 분명 한계, 끝이 있다고 이야기할 수 있다. 하지만 이것만으로는 올베르스의 역설을 완벽하게 설명할 수 없다. 그의 역설 속에는 한 가지 더 우주의 짓궂은 장난이 섞여 있다.

반은 맞고 반은 틀린 올베르스의 역설

130억 년 전 빅뱅 폭발 이후 지금까지 우주는 계속 팽창해오고 있다. 우주 전체에 비해 상대적으로 작은 규모에서는 가까이 인접한 천체들 사이에 끌어당기는 중력이 더 강하게 작용하지만, 은하들 사이의 거리는 분명 서서히 멀어지고 있다. 우리가 살고 있는 우리은하를 중심으로 다른 은하들이 도망가는 것이 아니라, 우리은하를 포함한 다른 대부분의 은하들 사이의 거리가 함께 벌어지고 있는 것이다. 따라서 단순히 은하 자체가 후퇴운동을 하는 것이 아니라, 은하와 은하 사이의 공간이 벌어지는, 우주 공간 자체의 팽창이라고 이야기하는 것이 더 정확하다. 고무줄 위에 점을 두 개 찍어놓았을 때, 각 점을 은하, 그리고 고무줄을 우주 공간 자체라고 생각해보자. 고무줄(우주 공간)에 찍힌 점(은하) 자체가 움직이는 것은 아니지만, 고무줄(우주)이 늘어나게 되면 두 점(은하) 사이의 거리도 벌어지면서 마치 점(은하)이 서로 멀어지는 것처럼 관측될 것이다. 지금 우리 우주도 그런 방향으로 서서히 부풀어 오르고 있다.

　이렇게 우주가 서서히 부풀어 오르면서 먼 우주에서 날아오는 빛의 파장 역시 서서히 늘어진다. 만약 우주가 팽창하지 않고 가만히 있다면 우리가 관측하는 우주의 빛의 파장은 변하지 않을 것이다. 하지만 서서히 그 공간이 멀어지면서 우리가 관측하는 다른 주변의 빛의 파장도 공간의 팽창과 함께 서서히 늘어진다. 앞서 설명했던 별빛의 스펙트럼이 늘어나는 것과 비슷한 원리다. 이렇게 우주가 팽창하면서 파장이 긴 붉은 빛 쪽으로 우주 전체의 빛의 스펙트럼이 점점 치우치게 되는 것을 우주론적 적색편이Cosmological Redshift라고 부른다. 우주에 존재하는 여러 빛은 파장이 짧은 것부터 긴 순서대로 감마선, 자외선, 가시광선, 적외선, 전파 등으로 구분한다. 이 중에서 우리 인간의 눈으로 볼 수 있는 빛은 가시광선뿐이다. 주로 가시광선을 내는 태양 아래, 주로 가시광선을 통과시키는 지구의 하늘 아래서 진화를 거듭해온 우리 지구 생명체의 눈은 가시광선으로 사물을 보는 데 탁월하게 진화되었다. 그래서 앞서 설명했던 것처럼 우리 눈으로 보지 못하는 다른 파장을 대신해 우주망원경을 쏘아 올리는 것이다.

그런데 만약 먼 우주 끝자락에서 지구를 향해 우리 눈으로 볼 수 있는 가시광선이 출발한다면 어떻게 될까? 그 가시광선은 고스란히 우리 지구를 향해 날아오지 못한다. 그 빛이 날아오는 동안 우주 공간은 팽창하고 그에 의해 가시광선은 더 파장이 길어지는 적색편이를 거쳐 적외선이나 전파 쪽으로 치우치게 될 것이다. 우주 초창기 빅뱅 직후에 갓 새어나오기 시작했던 태초의 빛에는 우리 눈으로 볼 수 있는 가시광선도 함께 섞여 있었을 수도 있다. 그러나 우주 팽창과 함께 우주 끝자락에서 날아오는 빛이 쭉 늘어나면서 이제는 눈으로 볼 수 없는 절대온도 3K에 해당하는 아주 낮은 에너지의 긴 파장의 전파로 적색편이 되었다. 엄밀하게 따지자면 우주는 분명 '절대온도 3K의 전파'로 빛을 내고 있다. 다만 우리 눈으로 그것을 볼 수 없을 뿐이다.

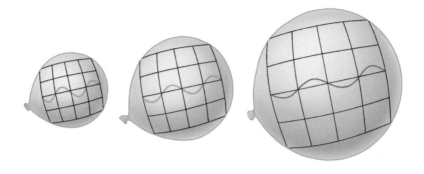

우주론적 적색편이는 단순히 은하가 멀어지면서 빛의 파장이 길어지는 것이 아니라, 은하들이 놓여 있는 우주 공간 자체가 팽창하면서 빛의 파장이 늘어지는 것이다.

따라서 올베르스가 던졌던 역설을 현대 천문학적으로 다시 해석해 보자면, 우리는 빅뱅 이후 빛이 새어나오기 시작했던 우주배경복사부터의 우주를 볼 수 있다. 이것은 천체물리학적인 한계, '관측 가능한 우주'의 한계다. 더불어 가시광선만 볼 수 있는 우리의 눈은 우주 팽창과 함께 우주론적 적색편이를 당한 우주배경복사의 낮은 에너지를 감지하지 못한다. 이것은 생물학적인 한계, '가시 우주'의 한계다. 하지만 이제는 우리의 눈을 대신해 이런 낮은 온도, 그리고 그 낮은 온도들 사이의 미세한 차이들도 분간할 수 있는 민감한 우주망원경들을 통해 우주 태초의 빛의 흔적을 바라볼 수 있다.

우주배경복사의 증거를 처음으로 확인해 빅뱅을 정설로 자리매김 시켜주었던 펜지아스와 윌슨의 발견을 시작으로, 우주배경복사가 거의 균질하게 쏟아진다는 것을 확인한 '코비' 위성, 그리고 그 뒤를 이어 그

빅뱅 이후 현재까지 왼쪽에서 오른쪽으로 우주의 시간이 흐르면서 변화한 모습. 초기 우주에 미세하게 분포하던 밀도·온도 차이에 의해 물질이 모이기 시작했고, 그것을 토대로 지금의 거대한 우주 구조가 만들어졌다.©NASA/ESA

속에 숨어 있는 자글자글한 밀도 요동을 밝혀낸 '더블유-맵'과 '플랑크' 위성까지. 이들을 통해 바라본 우리의 밤하늘은 사실 어둡지 않다. 이 장비와 위성들은 우주 전역에 아직도 남아 있는 빅뱅의 여운, 우주배경복사를 읽을 수 있다. 사실 올베르스의 역설은 반은 맞고 반은 틀린 역설이다. 우리의 밤하늘은 어둡지 않다. 우리 눈으로 미처 보지 못했던 그 너머에 빅뱅 직후 새어나오기 시작하여 우주 팽창과 함께 지금껏 식어왔던 미세한 우주의 잡음이 아직까지 남아 있기 때문이다.

　굳이 최신 우주망원경까지 찾을 필요도 없다. 바로 우리 거실, 안방에 놓인 TV도 우주배경복사를 미세하게나마 읽을 수 있다. 우리가 가끔 바보상자라며 무시하는 TV는 사실 우리 눈으로, 그리고 올베르스의 눈으로는 미처 느낄 수 없었던 우주 빅뱅의 여운을 일부 감지할 수 있는 훌륭한 검출기였다. 매일 밤 모든 방송이 끝나고 TV 전원을 켜둔 채 잠이 든 우리 곁에서 들리는 잡음의 파도 소리 속에는 장담컨대 빅뱅의 여운이 아주 일부 섞여 있다. 치지직거리는 그 속에는 빅뱅 직후 새어나오기 시작한 빛의 첫 태동이, 그리고 작은 밀도 요동을 씨앗으로 지금까지의 우주를 일구어낸 온 우주의 노력이 함께 고스란히 새겨져 있다. 우리는 매일 밤 130억 년 동안 차갑게 식어버린 절대온도 3K짜리 우주의 잔잔한 자장가를 들으며 잠에 빠져든다.

I 아침

❶ 깊고도 달콤한 침대 위의 블랙홀

Genzel, Reinhard, et al. On the nature of the dark mass in the centre of the Milky Way." *Monthly Notices of the Royal Astronomical Society* 291.1 (1997): 219–234.

Schödel, R., et al. "A star in a 15.2-year orbit around the supermassive black hole at the centre of the Milky Way." *Nature* 419.6908 (2002): 694–696.

Ghez, A. M., et al. "Measuring distance and properties of the Milky Way's central supermassive black hole with stellar orbits." *The Astrophysical Journal* 689.2 (2008): 1044.

Murray-Clay, Ruth A., and Abraham Loeb. "Disruption of a Proto-Planetary Disk by the Black Hole at the Milky Way Centre." *arXiv preprint arXiv:1112.4822* (2011).

Mapelli, M., et al. "In situ formation of SgrA* stars via disk fragmentation: parent cloud properties and thermodynamics." *The Astrophysical Journal* 749.2 (2012): 168.

Guillochon, James, et al. "Possible Origin of the G2 Cloud from the Tidal Disruption of a Known Giant Star by Sgr A." *The Astrophysical Journal Letters* 786.2 (2014): L12.

Witzel, Gunther, et al. "Detection of Galactic Center source G2 at 3.8 μm during periapse passage." *The Astrophysical Journal Letters* 796.1 (2014): L8.

Pfuhl, Oliver, et al. "The Galactic Center cloud G2 and its gas streamer." *The Astrophysical Journal* 798.2 (2015): 111.

Schartmann, M., et al. "3D AMR simulations of the evolution of the diffuse gas cloud G2 in the Galactic Centre." *arXiv preprint arXiv:1609.07308* (2016).

Madigan, Ann-Marie, Michael McCourt, and Ryan M. O'Leary. "Using gas clouds to probe the accretion flow around Sgr A*: G2's delayed pericentre passage." *Monthly Notices of the Royal Astronomical Society* 465.2 (2017): 2310-2316.

❷ 모닝 커피 속에서 우러나오는 별 먼지

Kichatinov, L. L., and G. Rudiger. "A-effect and differential rotation in stellar convection zones." *Astronomy and Astrophysics* 276 (1993): 96.

Freytag, Bernd, H-G. Ludwig, and Matthias Steffen. "Hydrodynamical models of stellar convection. The role of overshoot in DA white dwarfs, A-type stars, and the Sun." *Astronomy and Astrophysics* 313 (1996): 497-516.

Ferro, Fabrizio, Andrea Lavagno, and Piero Quarati. "Temperature dependence of modified CNO nuclear reaction rates in dense stellar plasmas." *Physica A: Statistical Mechanics and its Applications* 340.1 (2004): 477-482.

Adelberger, Eric G., et al. "Solar fusion cross sections. II. The p p chain and CNO cycles." *Reviews of Modern Physics* 83.1 (2011): 195.

Formicola, Alba, Pietro Corvisiero, and Gianpiero Gervino. "The nuclear physics of the hydrogen burning in the Sun." *The European Physical Journal A* 52.4 (2016): 1-8.

Kubono, S., et al. "Explosive Nuclear Burning in the pp-Chain Region and the Breakout Processes." *EPJ Web of Conferences*. Vol. 109. EDP Sciences, 2016.

Tanner, Joel D., Sarbani Basu, and Pierre Demarque. "Entropy in adiabatic regions of convection simulations." *The Astrophysical Journal Letters* 822.1 (2016): L17.

Tel, Eyyup, et al. "Calculation of (p, γ) and (p, α) nuclear reaction cross sections in stars up to 10 MeV." *EPJ Web of Conferences*. Vol. 128. EDP Sciences, 2016.

Kitiashvili, Irina N., et al. "Dynamics of Turbulent Convection and Convective Over-shoot in a Moderate-mass Star." *The Astrophysical Journal Letters* 821.1 (2016): L17.

Adams, Fred C., and Evan Grohs. "Stellar Helium Burning in Other Universes: A solution to the triple alpha fine-tuning problem." *Astroparticle Physics* 87 (2017): 40-54.

Zhang, Chun-Guang, Li-Cai Deng, and Da-Run Xiong. "On the effect of turbulent anisotropy on pulsation stability of stars." *Research in Astronomy and Astrophysics* 17.3 (2017): 29.

❸ 왕십리역을 스쳐 지나가는 플라이 바이

Bunte, M. K., et al. "Intelligent Detection of Large Scale Volcanism During a Spacecraft Flyby: Examples from Flybys of Io." *Lunar and Planetary Science Conference*. Vol. 44. 2013.

Baskaran, Gautamraj, et al. "A Survey of Mission Opportunities to Trans-Neptunian Objects-Part IV." *AIAA/AAS Astrodynamics Specialist Conference*. 2014.

Iorio, Lorenzo. "A flyby anomaly for Juno? Not from standard physics." *Advances in Space Research* 54.11 (2014): 2441-2445.

Thompson, Paul F., et al. "Reconstruction of Earth flyby by the Juno spacecraft." (2014).

Benecchi, Susan D., et al. "New Horizons: Long-range Kuiper Belt targets observed by the Hubble Space Telescope." *Icarus* 246 (2015): 369-374.

Capozziello, Salvatore, et al. "Constraining models of extended gravity using Gravity Probe B and LARES experiments." *Physical Review* D 91.4 (2015): 044012.

Khawaja, Nozair, et al. "Compositional mapping of Saturn's E-ring during Cassini's flyby of Rhea." *EGU General Assembly Conference Abstracts*. Vol. 17. 2015.

Kotas, Ronald. "The Concept of General Relativity is not Related to Reality." *APS April Meeting Abstracts*. Vol. 1. 2015.

Migliorini, Alessandra, et al. "Terrestrial OH nightglow measurements during the Rosetta flyby." *Geophysical Research Letters* 42.13 (2015): 5670-5677.

Stern, S. A., et al. "The Pluto system: Initial results from its exploration by New Horizons." *Science* 350.6258 (2015): aad1815.

Clark, Stuart. "Live Blogging Science News: The Rosetta Mission." *Communicating Astronomy with the Public Journal* 19 (2016): 42.

Rahn, Perry H., and Thomas V. Durkin. "THE SHAPE OF CELESTIAL OBJECTS." *Proceedings of the South Dakota Academy of Science*. Vol. 95. 2016.

❹ 출근 지하철 빈자리엔 어떤 행성이 올까?

Hansen, Brad MS, and Norm Murray. "Testing in situ assembly with the Kepler planet candidate sample." *The Astrophysical Journal* 775.1 (2013): 53.

Bovaird, Timothy, Charles H. Lineweaver, and Steffen K. Jacobsen. "Using the inclinations of Kepler systems to prioritize new Titius–Bode-based exoplanet predictions." *Monthly Notices of the Royal Astronomical Society* 448.4 (2015): 3608-3627.

Cunningham, Clifford. "Early Investigations of Ceres and the Discovery of Pallas." *Early Investigations of Ceres and the Discovery of Pallas*, ISBN 978-3-319-28813-0. Springer International Publishing Switzerland, 2016 (2016).

Georgiev, Tsvetan B. "Titius-Bode law in the Solar System. Dependence of the regularity parameter on the central body mass." *Bulgarian Astronomical Journal* 25 (2016): 3.

Smirnov, V. A. "The Physical Meaning Of The Titius-Bode Formula." Odessa Astronomical Publications 28.1 (2016): 62-64.

Aschwanden, Markus J., and L. A. McFadden. "Harmonic Resonances of Planet and Moon Orbits-From the Titius-Bode Law to Self-Organizing Systems." *arXiv preprint arXiv:1701.08181* (2017).

Pletser, Vladimir, and Lorenzo Basano. "Exponential Distance Relation and Near Resonances in the Trappist-1 Planetary System." *arXiv preprint arXiv:1703.04545* (2017).

❶ 우주의 파워블로거, 퀘이사에게 맛집을 소개하다

Tully, R. Brent. "Alignment of clusters and galaxies on scales up to 0.1 c." *The Astrophysical Journal* 303 (1986): 25–38.

Faltenbacher, Andreas, et al. "Alignment between galaxies and large-scale structure." *Research in Astronomy and Astrophysics* 9.1 (2009): 41.

Schäfer, Björn Malte. "Galactic angular momenta and angular momentum correlations in the cosmological large-scale structure." *International Journal of Modern Physics D* 18.02 (2009): 173–222.

Hutsemékers, Damien, et al. "Alignment of quasar polarizations with large-scale structures." *Astronomy &Astrophysics* 572 (2014): A18.

Hutsemékers, Damien. "Large-scale alignments of quasar polarization vectors. Observational evidence and possible implications for cosmology and fundamental physics." (2014).

Blazek, Jonathan, Uroš Seljak, and Rachel Mandelbaum. "Large-scale structure and the intrinsic alignment of galaxies." *arXiv preprint arXiv:1504.04412* (2015).

Taylor, A. R., and P. Jagannathan. "Alignments of radio galaxies in deep radio imaging of ELAIS N1." *Monthly Notices of the Royal Astronomical Society: Letters* 459.1 (2016): L36–L40.

Pelgrims, Vincent, and Damien Hutsemékers. "Evidence for the alignment of quasar radio polarizations with large quasar group axes." *Astronomy &Astrophysics* 590 (2016): A53.

❷ 셀카에 숨어 있는 천문학자의 욕망

Baranec, Christoph, et al. "High-efficiency autonomous laser adaptive optics." *The Astrophysical Journal Letters* 790.1 (2014): L8.

Koch, Edouard, et al. "Morphometric analysis of small arteries in the human retina using adaptive optics imaging: relationship with blood pressure and focal vascular changes." *Journal of hypertension* 32.4 (2014): 890–898.

Zhang, Yuhua, et al. "Photoreceptor perturbation around subretinal drusenoid deposits as revealed by adaptive optics scanning laser ophthalmoscopy." *American journal of ophthalmology* 158.3 (2014): 584–596.

Allen, Matthew R., Jae Jun Kim, and Brij N. Agrawal. "Correction of active space telescope mirror using woofer-tweeter adaptive optics." *SPIE Defense+ Security.* International Society for Optics and Photonics, 2015.

Jovanovic, N., et al. "The Subaru coronagraphic extreme adaptive optics system: Enabling high-contrast imaging on solar-system scales." *Publications of the Astronomical Society of the Pacific* 127.955 (2015): 890.

Jacob, Julie, et al. "Meaning of visualizing retinal cone mosaic on adaptive optics images." *American journal of ophthalmology* 159.1 (2015): 118–123.

Lousberg, Gregory P., et al. "Design and analysis of an active optics system for a 4-m telescope mirror combining hydraulic and pneumatic supports." *SPIE Optical Systems Design.* International Society for Optics and Photonics, 2015.

Tyson, Robert K. *Principles of adaptive optics.* CRC press, 2015.

❸ 자전거를 타고 은하단 외곽의 바람을 느껴보라

Kenney, Jeffrey DP, et al. "Transformation of a Virgo Cluster dwarf irregular galaxy by ram pressure stripping: IC3418 and its fireballs." *The Astrophysical Journal* 780.2 (2013): 119.

Ebeling, Harald, Lauren N. Stephenson, and Alastair C. Edge. "Jellyfish: Evidence of extreme ram-pressure stripping in massive galaxy clusters." *The Astrophysical Journal Letters* 781.2 (2014): L40.

Fumagalli, Michele, et al. "MUSE sneaks a peek at extreme ram-pressure stripping events –I. A kinematic study of the archetypal galaxy ESO137–001." *Monthly Notices of the Royal Astronomical Society* 445.4 (2014): 4335–4344.

Nielsen, Danielle M., et al. "The implications of bent jets in galaxy groups." *International Astronomical Union. Proceedings of the International Astronomical Union* 10.S313 (2014): 303.

Jáchym, Pavel, et al. "Abundant molecular gas and inefficient star formation in intracluster regions: Ram pressure stripped tail of the Norma galaxy ESO137-001." *The Astrophysical Journal* 792.1 (2014): 11.

Salem, Munier, et al. "Ram pressure stripping of the Large Magellanic Cloud's disk as a probe of the Milky Way's circumgalactic medium." *The Astrophysical Journal* 815.1 (2015): 77.

Steinhauser, Dominik, Sabine Schindler, and Volker Springel. "Simulations of ram-pressure stripping in galaxy-cluster interactions." *Astronomy &Astrophysics* 591 (2016): A51.

Clarke, Adam J., Victor P. Debattista, and Tom Quinn. "The origin of type I profiles in cluster lenticulars: an interplay between ram pressure stripping and tidally induced spiral migration." *Monthly Notices of the Royal Astronomical Society: Letters* 465.1 (2017): L79-L83.

Vijayaraghavan, Rukmani, Craig L. Sarazin, and Paul M. Ricker. "The Co-Evolution of Galaxies, their ISM, and the ICM: The Hydrodynamics of Galaxy Transformation." *American Astronomical Society Meeting Abstracts*. Vol. 229. 2017.

❹ 우주에서 쏟아지는 소나기에는 무언가 섞여 있다!

Loeb, Abraham, and Eli Waxman. "The cumulative background of high energy neutrinos from starburst galaxies." *Journal of Cosmology and Astroparticle Physics* 2006.05 (2006): 003.

Lemoine, Martin. "Acceleration and propagation of ultrahigh energy cosmic rays." *Journal of Physics: Conference Series*. Vol. 409. No. 1. IOP Publishing, 2013.

Aartsen, M. G., et al. "First observation of PeV-energy neutrinos with IceCube." *Physical review letters* 111.2 (2013): 021103.

Abe, K., et al. "Evidence for the appearance of atmospheric tau neutrinos in Super-Kamiokande." *Physical review letters* 110.18 (2013): 181802.

IceCube Collaboration. "Evidence for high-energy extraterrestrial neutrinos at the IceCube detector." *Science* 342.6161 (2013): 1242856.

Aartsen, M. G., et al. "Observation of high-energy astrophysical neutrinos in three years of IceCube data." *Physical review letters* 113.10 (2014): 101101.

Aloisio, R., V. Berezinsky, and P. Blasi. "Ultra high energy cosmic rays: implications of Auger data for source spectra and chemical composition." *Journal of Cosmology and Astroparticle Physics* 2014.10 (2014): 020.

Abu-Zayyad, Tareq, et al. "Energy spectrum of ultra-high energy cosmic rays observed with the Telescope Array using a hybrid technique." *Astroparticle physics* 61 (2015): 93-101.

Li, Zepeng, and Super-Kamiokande Collaboration. "Search for the appearance of atmospheric tau neutrinos in Super-Kamiokande." *APS Meeting Abstracts*. 2016.

Kadler, M., et al. "Coincidence of a high-fluence blazar outburst with a PeV-energy neutrino event." *Nature Physics* 12.8 (2016): 807-814.

Ⅲ 저녁

❶ 저녁놀 사이로 보이는 지구의 슬픈 미래

Tomasko, M. G., et al. "Measurements of the flux of sunlight in the atmosphere of Venus." *Journal of Geophysical Research: Space Physics* 85.A13 (1980): 8167-8186.

Schubert, G. "General circulation and the dynamical state of the Venus atmosphere." *Venus* (1983): 681-765.

D'Incecco, Piero, et al. "Idunn Mons on Venus: Location and extent of recently active lava flows." *Planetary and Space Science* (2016).

Gillmann, Cedric, Gregor Golabek, and Paul Tackley. "How Venus surface conditions evolution can be affected by large impacts at long timescales?." *EGU General Assembly Conference Abstracts*. Vol. 18. 2016.

Taguchi, Makoto, et al. "A bow-shaped thermal structure traveling upstream of the zonal wind flow of Venus atmosphere." *AAS/Division for Planetary Sciences Meeting Abstracts*. Vol. 48. 2016.

Limaye, Sanjay. "Questions About Venus after Venus Express." *EGU General Assembly Conference Abstracts*. Vol. 18. 2016.

Mendonça, João M., and Peter L. Read. "Exploring the Venus global super-rotation using a comprehensive General Circulation Model." *Planetary and Space Science* 134 (2016): 1-18.

Mouginis-Mark, Peter J. "Geomorphology and volcanology of Maat Mons, Venus." *Icarus* 277 (2016): 433-441.

Oschlisniok, Janusz, et al. "Sulfuric acid vapor in the atmosphere of Venus as observed by the Venus Express Radio Science experiment VeRa." *EGU General Assembly Conference Abstracts.* Vol. 18. 2016.

Stofan, Ellen R., et al. "Themis Regio, Venus: Evidence for recent (?) volcanism from VIRTIS data." *Icarus* 271 (2016): 375-386.

❷ 퇴근길 꽉 막힌 별들의 행렬

Steiman-Cameron, Thomas Y., Mark Wolfire, and David Hollenbach. "COBE and the Galactic Interstellar Medium: Geometry of the Spiral Arms from FIR Cooling Lines." *The Astrophysical Journal* 722.2 (2010): 1460.

Purcell, Chris W., et al. "The Sagittarius impact as an architect of spirality and outer rings in the Milky Way." *Nature* 477.7364 (2011): 301-303.

D'Onghia, Elena, Mark Vogelsberger, and Lars Hernquist. "Self-perpetuating spiral arms in disk galaxies." *The Astrophysical Journal* 766.1 (2013): 34.

Urquhart, J. S., et al. "The RMS survey: galactic distribution of massive star formation." *Monthly Notices of the Royal Astronomical Society* 437.2 (2014): 1791-1807.

Xu, Yan, et al. "Rings and radial waves in the disk of the Milky Way." *The Astrophysical Journal* 801.2 (2015): 105.

Aramyan, L. S., et al. "Supernovae and their host galaxies −IV. The distribution of supernovae relative to spiral arms." *Monthly Notices of the Royal Astronomical Society* 459.3 (2016): 3130-3143.

Grand, Robert JJ, et al. "Spiral-induced velocity and metallicity patterns in a cosmological zoom simulation of a Milky Way-sized galaxy." *Monthly Notices of the Royal Astronomical Society: Letters* 460.1 (2016): L94-L98.

Shu, Frank H. "Six Decades of Spiral Density Wave Theory." *Annual Review of Astronomy and Astrophysics* 54 (2016): 667-724.

Griv, Evgeny, et al. "The nearby spiral density-wave structure of the Galaxy: line-of-sight and longitudinal velocities of 223 Cepheids." *Monthly Notices of the Royal Astronomical Society* 464.4 (2017): 4495-4508.

Pour-Imani, Hamed, et al. "Strong Evidence for the Density-Wave Theory of Spiral Structure in Disk Galaxies: Pitch Angle Measurements in Different Wavelengths of Light." *Bulletin of the American Physical Society* (2017).

Tenjes, Peeter, et al. "Spiral arms and disc stability in the Andromeda galaxy." *Astronomy &Astrophysics* (2017).

❸ 뇌섹 천문학자들이 찾은 외계행성의 명당자리

Barclay, Thomas, et al. "A super-Earth-sized planet orbiting in or near the habitable zone around a Sun-like star." *The Astrophysical Journal* 768.2 (2013): 101.

Borucki, William J., et al. "Kepler-62: a five-planet system with planets of 1.4 and 1.6 Earth radii in the habitable zone." *Science* 340.6132 (2013): 587-590.

Tuomi, Mikko, et al. "Habitable-zone super-Earth candidate in a six-planet system around the K2. 5V star HD 40307." *Astronomy &Astrophysics* 549 (2013): A48.

Kopparapu, Ravi Kumar. "A revised estimate of the occurrence rate of terrestrial planets in the habitable zones around Kepler M-dwarfs." *The Astrophysical Journal Letters* 767.1 (2013): L8.

Howell, Steve B., et al. "The K2 mission: Characterization and early results." *Publications of the Astronomical Society of the Pacific* 126.938 (2014): 398.

Quintana, Elisa V., et al. "An Earth-sized planet in the habitable zone of a cool star." *Science* 344.6181 (2014): 277-280.

Ricker, George R., et al. "Transiting exoplanet survey satellite." *Journal of Astronomical Telescopes, Instruments, and Systems* 1.1 (2015): 014003-014003.

Stevenson, Kevin, et al. "The First Atmospheric Characterization of a Habitabie-Zone Exoplanet." *Spitzer Proposal* 1 (2015): 12028.

Wakeford, Hannah Ruth, and David Kent Sing. "Transmission spectral properties of clouds for hot Jupiter exoplanets." *Astronomy &Astrophysics* 573 (2015): A122.

Simon, Amy A., et al. "Neptune's Dynamic Atmosphere from Kepler K2 Observations: Implications for Brown Dwarf Light Curve Analyses." *The Astrophysical Journal* 817.2 (2016): 162.

Pope, B. J. S., et al. "Photometry of very bright stars with Kepler and K2 smear data." *Monthly Notices of the Royal Astronomical Society: Letters* 455.1 (2016): L36–L40.

❹ 빅뱅의 순간이 재현되는 지하야구장

Vogel, Sascha, et al. "Charm quark energy loss in proton–proton collisions at LHC energies." *Journal of Physics: Conference Series*. Vol. 420. No. 1. IOP Publishing, 2013.

Alice Collaboration. "Performance of the ALICE Experiment at the CERN LHC." *International journal of modern physics A* (2014).

Alvioli, M., et al. "Revealing "flickering" of the interaction strength in p A collisions at the CERN LHC." *Physical Review* C 90.3 (2014): 034914.

Castelvecchi, Davide. "Mysterious galactic signal points LHC to dark matter." Nature 521.7550 (2015): 17.

Basu, Sumit, et al. "Temperature and Multiplicity Fluctuations as a New Tool of Characterization for Heavy Ion Collisions at LHC Energy." *XXI DAE-BRNS High Energy Physics Symposium*. Springer International Publishing, 2016.

Salgado, Carlos A., and Johannes P. Wessels. "Proton – Lead Collisions at the CERN LHC." *Annual Review of Nuclear and Particle Science* 66 (2016): 449–473.

Willering, Gerard P., et al. "Performance of CERN LHC main dipole magnets on the test bench from 2008 to 2016." *IEEE Transactions on Applied Superconductivity* (2016).

❶ 우주의 알코올 구름과 건배

Miranda, L. F., et al. "Water-maser emission from a planetary nebula with a magnetized torus." *Nature* 414.6861 (2001): 284-286.

Vlemmings, Wouter HT, Philip J. Diamond, and Hiroshi Imai. "A magnetically collimated jet from an evolved star." *Nature* 440.7080 (2006): 58-60.

Herbst, Eric, and Ewine F. Van Dishoeck. "Complex organic interstellar molecules." *Annual Review of Astronomy and Astrophysics* 47 (2009): 427-480.

Phillips, J. P., and G. Ramos-Larios. "Spitzer mid-infrared observations of seven bipolar planetary nebulae." *Monthly Notices of the Royal Astronomical Society* 405.4 (2010): 2179-2205.

Blanco, Mónica W., et al. "VISIR-VLT images of the water maser: Emitting planetary nebula K3-35." *Proceedings of the International Astronomical Union* 7.S283 (2011): 312-313.

Baudry, Alain, Nathalie Brouillet, and Didier Despois. "Star formation and chemical complexity in the Orion nebula: A new view with the IRAM and ALMA interferometers." *Comptes Rendus Physique* 17.9 (2016): 976-984.

Rivilla, V. M., et al. "Formation of ethylene glycol and other complex organic molecules in star-forming regions." *Astronomy &Astrophysics* (2016).

Rickert, Matthew, et al. "Studying Star Formation in the Central Molecular Zone using 22 GHz Water and 6.7 GHz Methanol Masers." *American Astronomical Society Meeting Abstracts.* Vol. 227. 2016.

Lis, D. C., et al. "Star Formation and Feedback: A Molecular Outflow - Prestellar Core Interaction in L1689N." *The Astrophysical Journal* 827.2 (2016): 133.

Reid, M. J., et al. "A Parallax-based Distance Estimator for Spiral Arm Sources." *The Astrophysical Journal* 823.2 (2016): 77.

Darling, Jeremy. "How to Detect Inclined Water Maser Disks (and Possibly Measure Black Hole Masses)." *The Astrophysical Journal* 837.2 (2017): 100.

Chan, James HH, et al. "Galaxy-scale gravitational lens candidates from the Hyper Suprime-Cam imaging survey and the Galaxy And Mass Assembly spectroscopic survey." *The Astrophysical Journal* 832.2 (2016): 135.

Diego, Jose M., et al. "A free-form prediction for the reappearance of supernova Refsdal in the Hubble Frontier Fields cluster MACSJ1149. 5+ 2223." *Monthly Notices of the Royal Astronomical Society* 456.1 (2016): 356-365.

Goldstein, Daniel A., and Peter E. Nugent. "How to Find Gravitationally Lensed Type Ia Supernovae." *The Astrophysical Journal Letters* 834.1 (2016): L5.

Inoue, Kaiki Taro, et al. "ALMA imprint of intergalactic dark structures in the gravitational lens SDP. 81." *Monthly Notices of the Royal Astronomical Society* 457.3 (2016): 2936-2950.

Kelly, P. L., et al. "Deja Vu All Over Again: The Reappearance of Supernova Refsdal." *The Astrophysical Journal Letters* 819.1 (2016): L8.

Kelly, P. L., et al. "SN Refsdal: Classification as a Luminous and Blue SN 1987A-like Type II Supernova." *The Astrophysical Journal* 831.2 (2016): 205.

Petrushevska, Tanja, et al. "High-redshift supernova rates measured with the gravitational telescope A 1689." *Astronomy &Astrophysics* 594 (2016): A54.

Kelly, Patrick. "Two Years and Five Images of Supernova Refsdal." *American Astronomical Society Meeting Abstracts*. Vol. 229. 2017.

❸ DJ세페이드와 함께하는 클럽 파티

Caldwell, John AR, and Iain M. Coulson. "The geometry and distance of the Magellanic Clouds from Cepheid variables." *Monthly Notices of the Royal Astronomical Society* 218.2 (1986): 223-246.

van den Bergh, Sidney, René RacineW, and Peter B. StetsonH. "The Hubble constant and Virgo cluster distance from observations of Cepheid variables." *Nature* 371 (1994): 29.

Stetson, Peter B., et al. "The extragalactic distance scale key project. XVI. Cepheid variables in an inner field of M101." *The Astrophysical Journal* 508.2 (1998): 491.

Riess, Adam G., et al. "Observational evidence from supernovae for an accelerating universe and a cosmological constant." *The Astronomical Journal* 116.3 (1998): 1009.

Deffayet, Cedric, Gia Dvali, and Gregory Gabadadze. "Accelerated universe from gravity leaking to extra dimensions." *Physical Review* D 65.4 (2002): 044023.

Padmanabhan, T. "Accelerated expansion of the universe driven by tachyonic matter." *Physical Review* D 66.2 (2002): 021301.

Caldwell, Robert R., Marc Kamionkowski, and Nevin N. Weinberg. "Phantom energy: dark energy with w⟨- 1 causes a cosmic doomsday." *Physical Review Letters* 91.7 (2003): 071301.

Bhardwaj, Anupam, et al. "A Comparative Study of Multiwavelength Theoretical and Observed Light Curves of Cepheid Variables." *Monthly Notices of the Royal Astronomical Society* (2016): stw3256.

Rubin, David, and Brian Hayden. "Is the expansion of the universe accelerating? All signs point to yes." *The Astrophysical Journal Letters* 833.2 (2016): L30.

Ferreira, Elisa GM, et al. "Evidence for interacting dark energy from BOSS." *Physical Review* D 95.4 (2017): 043520.

❹ 늦은 밤 TV 잡음 속 우주의 소리

Bennett, C. L., et al. "Four-year COBE* DMR cosmic microwave background observations: maps and basic results." *The Astrophysical Journal Letters* 464.1 (1996): L1.

Schlegel, David J., Douglas P. Finkbeiner, and Marc Davis. "Maps of dust infrared emission for use in estimation of reddening and cosmic microwave background radiation foregrounds." *The Astrophysical Journal* 500.2 (1998): 525.

Halverson, N. W., et al. "Degree angular scale interferometer first results: a measurement of the cosmic microwave background angular power spectrum." *The Astrophysical Journal* 568.1 (2002): 38.

Ade, P. A. R., et al. "Improved Constraints on Cosmology and Foregrounds from BI-CEP2 and Keck Array Cosmic Microwave Background Data with Inclusion of 95 GHz Band." *Physical Review Letters* 116.3 (2016): 031302.

Cai, Yan-Chuan, et al. "The lensing and temperature imprints of voids on the Cosmic Microwave Background." *Monthly Notices of the Royal Astronomical Society* (2016): stw3299.

Martin, Jérôme. "The observational status of cosmic inflation after Planck." *The Cosmic Microwave Background*. Springer International Publishing, 2016. 41–134.

Verschuur, G. L., and J. T. Schmelz. "On the Nature of the Small-scale Structure in the Cosmic Microwave Background Observed by PLANCK and WMAP." *The Astrophysical Journal* 832.2 (2016): 98.

von Hausegger, Sebastian, et al. "Footprints of Loop I on Cosmic Microwave Background maps." *Journal of Cosmology and Astroparticle Physics* 2016.03 (2016): 023.